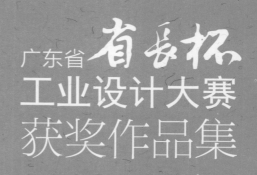

广东省 **省长杯**
工业设计大赛
获奖作品集

广东省"省长杯"工业设计大赛组委会办公室 编

U0346875

岭南美术出版社

中国·广州

图书在版编目（CIP）数据

广东省"省长杯"工业设计大赛获奖作品集.
2008—2016/广东省"省长杯"工业设计大赛组委会办公室
编. —广州：岭南美术出版社，2018.2
ISBN 978-7-5362-6430-4

Ⅰ.①广… Ⅱ.①广… Ⅲ.①工业设计—作品集—
广东—2008—2016 Ⅳ.①TB47

中国版本图书馆CIP数据核字(2017)第326762号

主　　编：胡启志
副 主 编：周红石
编　　委：潘自强　杨　杰　陈　洁　许锦程　刘仕飞　曹美娴
文稿撰写：周红石
封面设计：裴悦舟
装帧设计：裴悦舟　林少燕　吴慧英　陈泳存　刘敏华
责任编辑：李　颖　高嘉颖　傅淑雯
责任技编：谢　芸

广东省"省长杯"工业设计大赛获奖作品集. 2008—2016
GUANGDONGSHENG SHENGZHANGBEI GONGYESHEJI DASAI HUOJIANG ZUOPINJI

出版、总发行：岭南美术出版社（网址：www.lnysw.net）
　　　　　　　（广州市文德北路170号3楼　邮编：510045）
经　　　销：全国新华书店
印　　　刷：广州市逸彩印务实业有限公司
版　　　次：2018年2月第1版
　　　　　　2018年2月第1次印刷
开　　　本：889mm×1194mm　　1/12
印　　　张：32
印　　　数：1—1000册
ISBN 978-7-5362-6430-4
定　　　价：128.00元

创新是工业
设计的灵魂

张德江

二〇〇六年十一月廿一日

2006 年 11 月 21 日，时任中央政治局委员、原广东省委书记张德江为广东工业
设计题词 。

前言

Foreword

设计广东：岭南的执念

仍旧记得，2016年12月8日，在广东省顺德北滘工业设计城召开的第八届广东省"省长杯"工业设计大赛总结会上，我发自肺腑的感言：

深植于珠三角制造业沃土的"省长杯"，本身就是一个了不起的创造。由第六届开始，通过首创地市同步赛事、产业专项赛事、高校举办赛事，一个期盼已久的"省市联动，赛设计、竞创新的区域氛围"已成现实。而旨在推动企业以设计思维进行商业模式创新而设立的"产业设计"评审类别，更是在国内外诸多重要工业设计竞赛、奖项设置中未曾见到的。我们可以自豪，"省长杯"已经用务实的竞赛内容与组织结构、激励机制的全面创新，为中国的创新设计事业提供范式与经验。

令人振奋的，是2016年第八届大赛的参评设计作品激增至20 400多件，比上一届的8 000件净增12 400 件，呈现160% 的跨越式成长，而且其中的七成来自于已上市销售的商品，预示着"省长杯"持续推动的工业设计创新，已转化为瞩目的市场现实，令企业与社会真实目睹了设计驱动带来的创富价值。

2008年以来，源自20世纪90年代末期的"广东省优良工业设计奖"转型为"广东省'省长杯'工业设计大赛"，以每两年一届的节奏，成为珠三角制造业与设计界头等重大的设计活动。由连续四届的参赛作品，尤其是量产上市的产品设计来观察，从整体创意到细节塑造，许多获奖产品已具备国际一流水平。

发生在珠三角的设计创新与科技创新深度融合，为实现由"中国制造"向"中国创造"转型升级的华夏宏大图景蓄积无尽的能量，已从2017年1月的国际消费电子产品展（CES 展）上呈现为趋势：在来自全球的3 800多家参展商中，来自中国的有1 294家，占三分之一。 而这些中国参展企业中有679家来自深圳（占52.47%），毫无疑问深圳已跃升为真正的"中国硅谷"。而在诸如华为、TCL、OPPO等国际著名品牌以及快速崛起的大疆创新、柔宇科技等新科技品牌的新产品中，均呈现出不俗的设计水平与造物品质，传递出品牌背后设计创造的实力 。

珠三角，曾作为20世纪末中国改革开放的"排头兵"，在80年代"三来一补"由桑基鱼塘向消费品制造的转型、90年代市场经济机制的创建、新世纪头十年的全球化"中国工厂"规模经济形成三个重要历史阶段发挥过巨大影响力。"广货"一度取代"海货"成为国内市场"技术先进 、款式新颖"的消费品。

在这三十多年的伟大历史进程中，我见证了"工业设计"在珠三角由理念传播到实践推广、由院校清谈至真枪实战 、由设计公司驱动到品牌企业引领的变革，并深度参与、创办过多个设计公司实体，完成了逾百项上市销售的产品设计，与诸多企业家成为"老友"。在透彻理解产业动向与诉求的过程中，我一步步感悟这块南粤大地生生不息的创造力本质：不善空谈 ，务实求真，在持续不断地突破思想藩篱过程中，夯实市场经济的基石，形成自身鲜明的创新发展特点。

伴随国家发展战略自20世纪90年代中后期以后递次出现了以上海为中心的长三角经济区、以北京为中心的京津冀经济区等新重点，在发展规模、成长速度以及政府推动力度上均有后来居上之势。而且就设计产业本身而言，过去几年来京、沪日益浓郁的设计活动国际化氛围，已在警醒珠三角工业设计业：曾经的"领头羊"不会永久，"设计产业"本身需要自我颠覆，唯其如此，方能源源不断产生动力。

尽管业界不少声音在议论珠三角设计的"引领作用"正在消退，但我所观察到的，是早于中国工业设计协会（CIDA）而在1986年即创立的中国首个工业设计组织——深圳工业设计协会（ 现深圳设计联合会）、1991年创立的第一个省级工业设计组织——广东省工业设计协会，这么多年来的发展和影响已经辐射到珠三角9 个城市，其中包括从工业设计推动华帝等制造业品牌国际化；出现了以嘉兰图、浪尖、大业等拥有完备的内部设计研发团队的综合性设计公司为代表的数千家设计公司，对制造业实现全设计链条服务全覆盖。这已构成珠三角工业设计发展的基本面，

它并非仅由政府推动与媒体传播而停留于眼球，而是由来自产业日积月累的创新实干与市场共识熔铸而成。虽然没有权威的数据给予佐证，但我们仍可从过去几年来参评红点、IF、G-MARK、IDSA等国际工业设计奖项与中国创新设计红星奖的获奖中国设计师、设计公司与品牌企业来源地获得这样的判断：主力来自珠三角，主力来自广东设计。

自第六届"省长杯"始，"设计广东"成为一个具有博大内容底蕴的发展目标。由传统的工业设计视角来看，珠三角乃至广东的制造企业把一件物质化的商品设计得足够美观、并具备市场竞争力已非难事。经过三十年的设计进步，我们已站上了一个新高度。登高望远，一片更加广阔的创新设计视野尽收眼底。

2015年10月，在韩国首尔举行的"世界设计组织（WDO）"创立大会上，用"产品、系统、服务、体验"4个关键词，重新定位了面向未来的设计发展方向，并将设计升级为重要的产业核心战略。因此，用新的设计理念审视走过的路，会发现"设计广东"还在中途，在以设计思维驱动体验创新、服务创新与商业创新等方方面面，广东与世界同步，都将面临更大的挑战。

"在未来，企业将全部变成设计师集团。不能改变的企业将无法获得成功。"日本茑屋书店创始人增田宗昭的预言 ，或许正是"设计广东"应有的图景。

广东省
"省长杯"工业设计大赛
评审委员会主席 （第五至第八届）

教授
2017年8月于广州美术学院

省长杯缘起
Beginning

1999 — 2005

优良工业设计奖："省长杯"的起步

广东"省长杯"脱胎于1999年始创的广东优良工业设计奖。

成立于1991年的广东省工业设计协会，以联系政府、企业、高校和设计机构的桥梁和纽带为定位，大力推动广东工业设计事业的发展，集聚了一批主管部门领导、企业界的"先知先觉者"、设计界最早的实践者和设计学术界的学者专家，是我国最早的省级工业设计行业组织之一。得益于比邻香港地区的优势，协会成立之初即与香港设计界建立了经常性的互动，而在其成立不久，则组织广东企业家出访美国、日本等发达国家考察工业设计，香港的工业设计"总督奖"、美国的 IDEA 设计奖和日本的 G-Mark 奖，在推动区域工业设计发展方面，给协会有关人员留下了非常深刻的印象。1998年还在省工业设计协会担任职务的，以黄敬华、甘广南、冼朝章为代表的主管部门科技处领导，以尹定邦、童慧明、汤重熹、杨向东为代表的学术界和以罗小甲、王习之等为代表的企业界等，在广东省定期评选"优秀新产品"的基础上，借鉴国内有关行业和海外工业设计发展经验，提出了开展广东省"优良工业设计奖"评选的设想，获得省经济委员会陈善如主任、杨建初副主任的支持。

1990年代，对整体的广东产业而言，工业设计还是一个陌生的概念，至少大多数人仅有的认知还停留在产品的外观、造型的层次。这些，与当时"加工大省"的产业环境有关，也与品牌企业"拿来主义"盛行、模仿能快速解决"供方市场"矛盾的思维定势有关。1999年广东省经济委员会主办的"优良工业设计奖"，借鉴于日本的 G-Mark 奖，定位于以政府推动、设计创新引领的"区域制造和产品竞争力的提升"，是一项"产品的设计评价制度"。

当年征集作品370件，评出金银铜奖作品61件，其中广东科龙电器股份公司、深圳康佳集团各摘取一块金牌。6月18日至27日举办'99广东工业设计活动周，在广东美术馆举办'99广东优良工业设计展，这成为广东工业设计史划时代的事。从第一届至第三届，优良工业设计奖所征集和评价的对象为：在广东省内设计和制造的量产产品。值得指出的是，参评工业设计奖项，除了广东本土最早重视设计创新的一批企业，像飞利浦等在粤的外资企业也格外关注，报送了不少优秀的设计作品。2003年第二届和2005年第三届优良工业设计奖，由广东省经济贸易委员会主办，广东省工业设计协会、广东省技术创新服务中心承办；在专业评委构成方面，吸收了包括本省、外省以及英国、港台地区的专家学者。

结合优良工业设计奖评选和颁奖，广东省配套举行"广东工业设计活动周"系列活动，除系统展示获奖作品外，还相继举办国外优秀设计邀请展、珠江国际工业设计论坛、论文征集与出版、"工业设计走进企业"等相关设计活动。评奖和这些设计活动，有力地推动了全社会对设计创新的认知，有力地推动了工业设计在产业界的发展。

2007年，全球性的金融危机爆发。广东省加工型的制造产业结构受到了严峻挑战，国际市场需求的萎缩与国内市场需求的持续向好，倒逼产业做整体性的思考——庞大产能的出路究竟在哪里？

1999 年，广东优良工业设计奖评选现场。

1999 年，广东工业设计活动周新闻发布会现场。

1999 年，广东工业设计活动周期间，举办了工业设计学术研讨会。

2003 年，第二届广东优良工业设计奖评选现场，评委们正在讨论评审规则。

2003 年，时任中央政治局委员、省委书记张德江和省委常委、广州市委书记林树森参观优良工业设计奖展览。

2003 年，时任省长黄华华参观第二届广东优良工业设计奖展览。

2005 年，第三届广东工业设计活动周暨广东优良工业设计奖颁奖在广州美术学院举行。

2005 年，第三届广东优良工业设计展上，省经贸委技改处时任处长、广东省工业设计协会时任常务副会长甘广南向有关领导汇报工作。

2006 年，广东优良工业设计奖获奖作品再次亮相广州锦汉展览中心，时任省委书记张德江亲临现场视察。

1999 年的工业设计活动周期间，正式出版了工业设计论文集《多思的实践者》。

目录

Contents

2012

第六届"省长杯"
获奖作品

2014

第七届"省长杯"
获奖作品

2016

第八届"省长杯"
获奖作品

2008

第四届"省长杯"获奖作品

比赛流程
Competition Process
2008

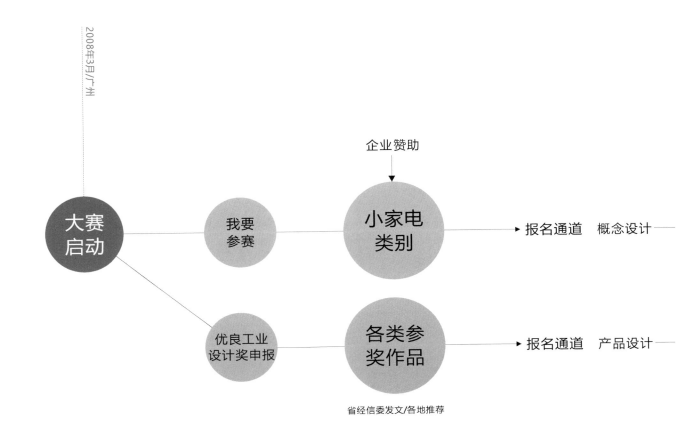

2008年3月/广州

企业赞助

大赛启动

我要参赛

小家电类别

报名通道　概念设计

优良工业设计奖申报

各类参奖作品

报名通道　产品设计

省经信委发文/各地推荐

2008　第四届"省长杯"
竞赛评委：
汤重熹　杨向东　周红石　柳冠中　克劳斯·雷曼（德）
优良奖评委：
童慧明　汤重熹　杨向东　曹　雪　周红石　王晓阳

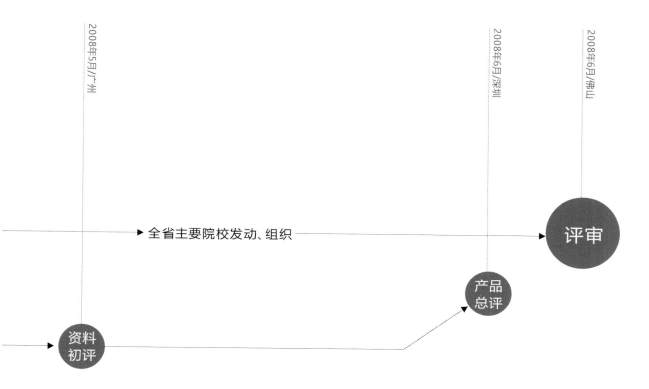

全省主要院校发动、组织

评审

产品
总评

资料
初评

2008年5月/广州

2008年6月/深圳

2008年6月/佛山

本届综述及奖项
Review and Awards

2008

转折与新生
——第四届"省长杯"大赛回顾

2007年，是业已开展了8年的广东优良工业设计奖的一个转折点。广东在经济大步发展和市场竞争日趋激烈的同时，从社会到政府都在探讨可持续发展和产业竞争"最具价值的环节"。最具价值的竞争环节是什么？ 2005年，作为广东省长经济顾问的诺基亚总裁彭培佳给出了这样的答案——应大力发展工业设计——不是所有的创新都来自高科技，结合了中国文化优势和世界市场知识的"广东设计"，一样可以成为广东产业发展的"助推器"。广东省委、省政府高度重视并采信了这条有益的建议，在广东省经济贸易委员会（以下简称"省经贸委"）杨建初主任的支持下，省经贸委温国辉副主任带领相关处室，会同广东省工业设计协会用了长达半年的时间开展调研，形成《从"广东制造"转向"广东设计制造"——关于采纳国际顾问建议的工作方案》。《工作方案》经广东省政府各相关部门的意见进行完善，最终报广东省政府批准实施。《工作方案》其中关于"产品的设计评价制度"建设中，首次提出以"省长杯"的名义在全省范围内开展工业设计大赛，评价优秀作品、营造创新氛围、鼓励以设计创新引领产业转型升级。

2007年9月，经过紧锣密鼓的筹备，广东省"省长杯"工业设计大赛作为广东省首次以"省长杯"冠名的工业设计竞赛活动，正式拉开帷幕。

这里不得不提及的是，当时开展这样规格的竞赛活动，并无政府专项资金的支持。承办单位广东省工业设计协会凭借多年与产业建立的良好关系，事先做了大量的工作，最终获得了广东新宝电器有限公司的支持。新宝电器是广东一家典型的加工型

原广东省省长黄华华会见诺基亚总裁、广东省省长经济顾问彭培佳。

参加第四届"省长杯"大赛的部分评委专家，包括专程从德国赶来的国际著名设计教育家、德国国立斯图加特造型艺术学院前院长克劳斯·雷曼教授。

第四届广东工业设计活动周暨2008广东工业设计展开幕，时任中国工业设计协会会长朱焘、时任广东省人民政府副省长佟星出席。省经贸委副主任、广东省信息产业厅厅长温国辉主持开幕仪式。

活动周暨工业设计展开幕式上，朱焘会长、佟星副省长等领导为"省长杯"获奖设计师颁奖。

在创新30年——广东工业设计展上，佟星副省长在省经贸委杨建初主任陪同下，饶有兴致地了解2008年北京奥运会火炬的设计开发情况。

企业，主营为海外小家电品牌代工生产。企业从初创到2002年的10年间，公司规模达到了年产值3亿元；而从2002年到2007年的6年间，公司规模一下子由年产值3亿元跃升至31亿元。是什么原因令企业这种爆发式地发展？——是设计创新。2002年公司建立设计中心，由原来单纯的OEM（原始设备制造商）模式向ODM（原始设计制造商）模式实现转变。是工业设计让企业尝到了甜头，也让广东省工业设计协会通过对新宝电器创新发展的有关研究，赢得了企业的信任。这次，新宝电器毅然拿出了50万元的资助和"好创意，好生活"的命题，通过"省长杯"的荣誉和悬赏的形式结合，向不限于广东省的设计高校征集设计作品。

竞赛得到了本省以及全国各高校相关设计专业师生的积极支持和热烈响应。本次竞赛具体命题与创意方向是生活小家电，征集作品的范围包括饮水、煮食等类别产品。从2007年启动大赛，到2008年6月20日截稿，组委会共收到来自国内外（其中本省15所院校以及专业设计机构）的参赛作品520余件，经初步审查，其中有效参赛作品为498件。

2008年6月22日，以"省长杯"命名的广东省工业设计大赛参赛作品评奖工作在广东省佛山市举行。评审机构邀请了德国著名教育家克劳斯·雷曼（德国国立斯图加特造型艺术学院）、我国著名设计教育家柳冠中（清华大学美术学院）、我省著名设计教育家汤重熹（广州大学设计学院）和杨向东（广东工业大学艺术设计学院）、省工业设计协会特聘高级设计师周红石（《创新设计》杂志）等，参与评审工作。评审工作按照公平、公正的原则进行，对全部参赛作品进行了先后三轮筛选，并根据设计作品必须"结合东方文化的内涵、具备国际化视野以及适应未来市场发展"的竞赛要求，依照创新性、新颖性、市场价值、可行性和绿色环保等评审标准，专家们最终评出了一等奖3名、二等奖5名、三等奖16名。作为省一级官方性质的设计竞赛，参赛作品中尚缺乏特别突出的作品，专家评委经过慎重考虑，决定本次竞赛的大奖空缺，同时增补一个一等奖名额。

得益于新宝电器的赞助，大赛自优良工业设计奖诞生以来，首次设立了奖金——大奖1.5万元（空缺），一等奖1.5万元（3名），二等奖0.6万元（5名），三等奖实物奖励（16名）。

与此同时，原有的"广东省优良工业设计奖"在本届更名为"'省长杯'工业设计奖"，依旧按照原有的程序进行申报和评选。省经贸委发文并召集全省各地市经贸系统会议，召集主要行业协会举行联席会议；省工业设计协会召集旗下会员以及非会员的企业、设计机构和设计师进行组织动员。省经贸委和省工业设计协会还联合对重点区域、重点企业开展发动工作，走访了华为、中兴、TCL、创维、康佳、格力、比亚迪、美的、广汽等企业。

2008年5月，通过初步筛选的700多件广东企业量产作品云集深圳F518创意产业园。全部参评作品，按消费产品、办公设备、医疗与科学设备、交通工具、工业设备、包装与平面设计、海外设计、网页与界面设计、嵌入式系统设计和动漫设计等几大类别，在园区的空间里组成了一个小型的展览。这里除了作为评选的场地外，在深圳文化创意博览会期间更以"分会场"的形式对外向公众开放，传播设计文化，扩大设计影响。

5月5日清晨，专家评委们冒着彻夜的大雨，即使洪水引发道路堵塞，仍陆续抵达评审现场。"省长杯"工业设计奖评委依然以高校学者专家为主，省工业设计协会秘书部和省软件行业协会秘书部参与。经过两天的艰苦工作，亿龙电磁炉等179件产品在全部参评作品中，获选2008广东省（省长杯）优良工业设计大奖和2008广东省（省长杯）优良工业设计奖。值得一提的是，获得大奖的亿龙电磁炉，由广东亿龙电器设计制造，其简约干净的造型语言——拉丝不锈钢搭配的纯黑玻璃面板、圆弧的收边和直线条的对比、最简操控理念和纯机械的控制旋钮——不由让人联想起两年以后（2010年6月）诞生的iPhone 4和iPhone 4s——该设计极好地把握了设计发展的趋势，引领了设计的潮流。

在"省长杯"大赛和工业设计奖的评审过程中，专家评委们对大赛和奖项作品的总体水平，给予了高度评价。举办大赛和遴选优秀设计作品，体现了广东省政府对于设计创新的重视和支持，他们相信这样的活动必将起到鼓励企业自主创新、重视工业设计并以工业设计提升创新能力的作用。评委们也希望类似活动的举办，在全社会各个层面能强化对设计价值的认同。鼓励创新是推动社会进步和经济可持续发展的必然需要，工业设计应该肩负更多的使命，发挥更大的作用。

2008年7月4日至5日，由广东省经济贸易委员会和广东省信息产业厅联合主办、中国工业设计协会支持、广东省工业设计协会和广东软件行业协会联合承办的"创新30年——广东工业设计展"在广州锦汉展览中心开幕。"省长杯"工业设计大赛和2008年"省长杯"工业设计奖的获奖作品成为展览的亮点。中国工业设计协会会长朱焘、广东省人民政府副省长佟星出席了展览开幕式，并为主要作品的获奖人员颁奖。

展览主题为"从广东制造到广东设计制造"，面积6 000平方米，共分8个展区：迈向世界级制造——广东30年创新设计成果展区、"省长杯"——工业设计奖和竞赛作品专区、工业设计体验区、工业设计资源区、工业设计教育区、信息化和工业化融合展区、工业设计案例区、龙在敲门——国外企业和作品展区。其中"迈向世界级制造——广东30年创新设计成果"展区，既展出了那些在广东工业设计发展历程中具代表性的经典设计，也展出了我省企业和设计人员所创造的最新设计成果；工业设计体验区，展出了国内外最新的优秀设计作品，包括比亚迪电动汽车、无印良

工业设计展的每一个分区、每一件设计作品都吸引了观众驻足观摩。

设计与产业的融合在工业设计展上有了较好的表现，图为产业展区的一角。

以放眼世界为题，国外的优秀设计总能吸引国内设计师的目光。

工业设计展引进了日本G-Mark历年获奖设计作品展出，获得了业界的好评。

品的品质生活用品以及索尼、苹果的最新电子产品；工业设计资源区不但展示了我省最为优秀的专业设计机构，同时韩国产业设计振兴院还组织了韩国优秀设计机构整体展示了韩国的设计力量；"龙在敲门——国外企业和作品"展区，以300余件历年日本G-Mark获奖作品为主，为我们自己的"省长杯"评价和参赛提供可资借鉴的系统范例。

"省长杯"大赛和工业设计奖评选，作为第四届"广东工业设计活动周"的主要部分，启动时间最早。展览期间，还举行了广东省年度十佳工业设计机构、年度十大青年设计师评选和颁奖，举行了以"中韩工业设计师对话"为形式的专业论坛。除了大赛有关企业的积极参与，系列活动还获得了美的、毅昌等广东企业的大力支持。

刚刚到粤的中央政治局委员、原广东省委书记汪洋，在省经贸委主任杨建初的展览邀请信中批示：因公务活动无法出席展览开幕式，预祝展览圆满成功。汪洋格外重视工业设计对推动广东产业转型升级发挥的作用，他在批示中，强调应该重视工业设计从业人员身份认同的问题。这也为下一届大赛进一步整合资源、更多部门参与进来，埋下了伏笔。

活动周暨工业设计展开幕当天，在广州东方宾馆举行了正式的颁奖典礼，为"省长杯"十大青年工业设计师和十佳工业设计机构颁奖。

在工业设计展上，比亚迪向观众展示了正在研发的新能源汽车。

在第四届广东工业设计活动周的论坛上，中国工业设计协会秘书长黄武秀致辞。

附录：
第四届"省长杯"工业设计大赛组织机构
主办单位：广东省经济贸易委员会
承办单位：广东省工业设计协会

第四届广东工业设计活动周组织机构
主办单位：广东省经济贸易委员会 广东省信息产业厅
支持单位：中国工业设计协会
承办单位：广东省工业设计协会 广东软件行业协会

组委会名单：
主　任：温国辉
副主任：蔡　勇 邹　生
成　员：甘广南 神志雄 叶　林 袁国清 吴志芳 区毅勇 胡启志 黄跃珍

组委会工作组名单：
组　长：甘广南
副组长：区毅勇 袁国清
成　员：胡启志 黄跃珍 王晓阳 童慧明 汤重熹 杨向东 盛光润 周红石 潘自强 王　晓

"小小"型干衣——衣架与电吹风组合设计

主创设计 / 冯少海　郑艳斐
参赛单位 / 广东轻工职业技术学院

设计说明 / 除了一般电吹风的功能，附加的特殊衣架能使其变成一个在特殊场合使用的干衣机。主机和衣架可单独使用和组合起来，挂好衣服即可开启电吹风电源，四面出风的风罩能在衣物内部吹出热风，达到干衣的目的。此外创作者还在出风口设置了熏衣香盒，衣架也设计成可节约空间的伸缩模式。

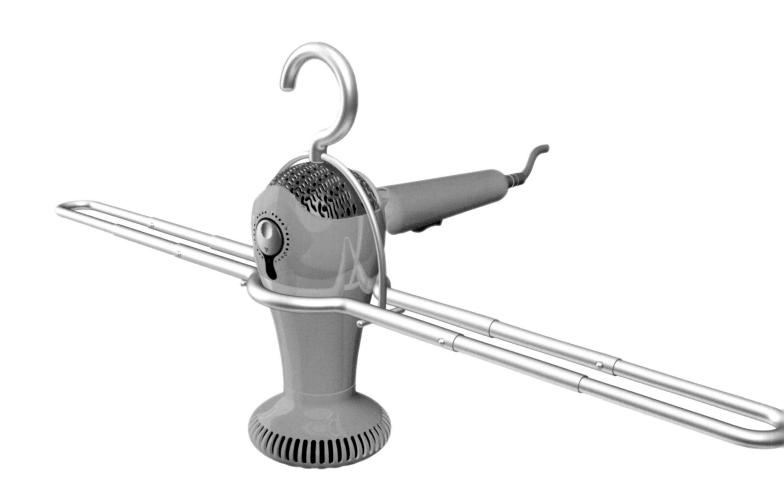

煮蛋器

主创设计 / 谭　钰

参赛单位 / 广州大学艺术设计学院

设计说明 / 全部的答案都在伶俐的"小耳朵"之间产生。平时"耳朵"竖起说明它已停止工作，当您想让"耳朵"工作只需把它掰成"一"字状，当它通过设定时间充分地完成好您交给它的工作时，"耳朵"会以回到最初的状态告诉您，任务的第一步它完成了！3分钟后您只要完成：动作1，把"耳朵"向中间捏，"耳朵"的附件——"夹子"就会把蛋夹紧；动作2，把"耳朵"提起一捏，蛋就被松绑了。您是否完全了解到原来在那些伶俐的"小耳朵"后面，还有那么多的秘密呢！

"耳朵"的通电是靠"尾巴"完成的，USB 插头隐藏在尾巴的部位，拉尾巴就把插头拔出来了。小耳朵的秘密未知的世界，透明的自己。

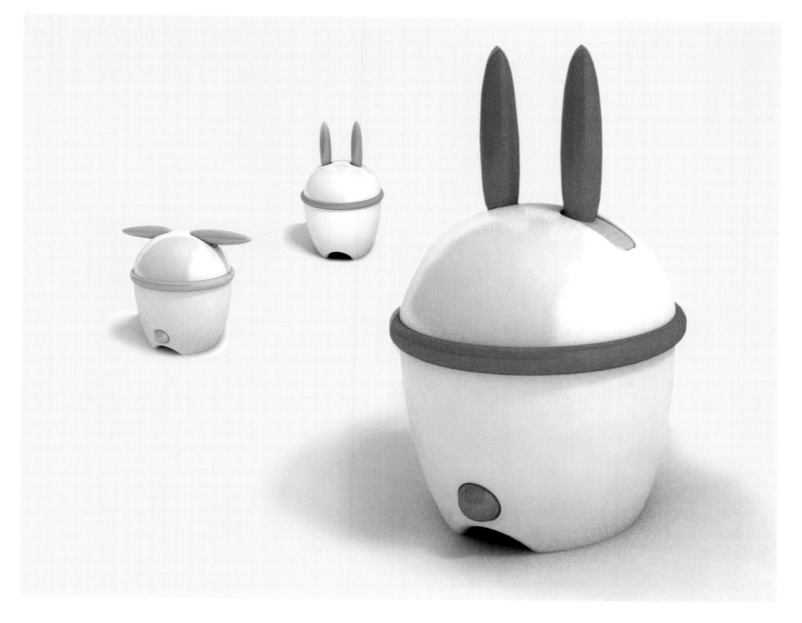

"草儿发芽"全自动搅拌酸奶机

主创设计 / 蔡晓红

参赛单位 / 华南师范大学美术学院

设计说明 / 根据酸奶的发酵过程使产品外观产生变化是其设计的特点。顶部的小草形搅拌和定时装置的颜色会伴随内部酸奶酸性的变化由绿转黄，黄色表示制作过程的完成。同时在整个过程中，"小草"的高度也会增长。符合酸奶制作者使用产品的情感反映，趣味性高，生活气息浓厚。

竹·拉肠

主创设计 / 陈慧卉
参赛单位 / 广东工业大学艺术设计学院

设计说明 / 竹制材料环保天然，蕴含着文化传统的气质，同时为家居生活带来了温馨的感受体验。竹子秀气、灵性、带清香，经高温处理后，仍呈现出很好的材料特性，且耐高温，耐腐蚀。

拉肠为广东传统美食，受到人们的喜爱，但其制作过程复杂，必须要手工操作，讲究熟练技巧，现代人流行 DIY 理念，希望能够在家里亲手制作拉肠。

"煎·煲·烤"锅具手柄

主创设计 / 钟醒苏

参赛单位 / 广东轻工职业技术学院

设计说明 / 煎、煲、烤，是中国传统煮食文化中的一部分，对大部分在外工作的年轻人来说，方便简单的煮食是离不开煎、煲、烤的。"煎、煲、烤"系列家电灵感来源于中国传统的煮食工具勺子、沙煲和锅铲。

定时早餐锅

主创设计 / 孙　聪

参赛单位 / 山东大学南外环新区机械学院

设计说明 / 一些人因为工作繁忙，压力大，早上没有时间料理早餐，因而常常不吃早饭，长此以往对身体损害很大，一款定时早餐锅，在您醒来时已经将各色品种的早饭准备好，帮您养成良好的生活习惯，这是一款关心您健康的产品。

采用中国传统的笼屉结构，可同时料理各种食品，更有效地利用空间，节约能源，造型简约，结构简单，注意细节，使用方便舒适，体现东方人文内涵。

可折叠式风扇

主创设计 / 王林杉

参赛单位 / 广东工业大学艺术设计学院

设计说明 / 这是一款可折叠的电风扇，可使用充电池作为电源，室内和室外都适用，通过扇叶的折叠和支撑部分的伸缩，大大节省了外出携带时占用的空间。目标人群为喜欢自驾车出外旅游的人群。

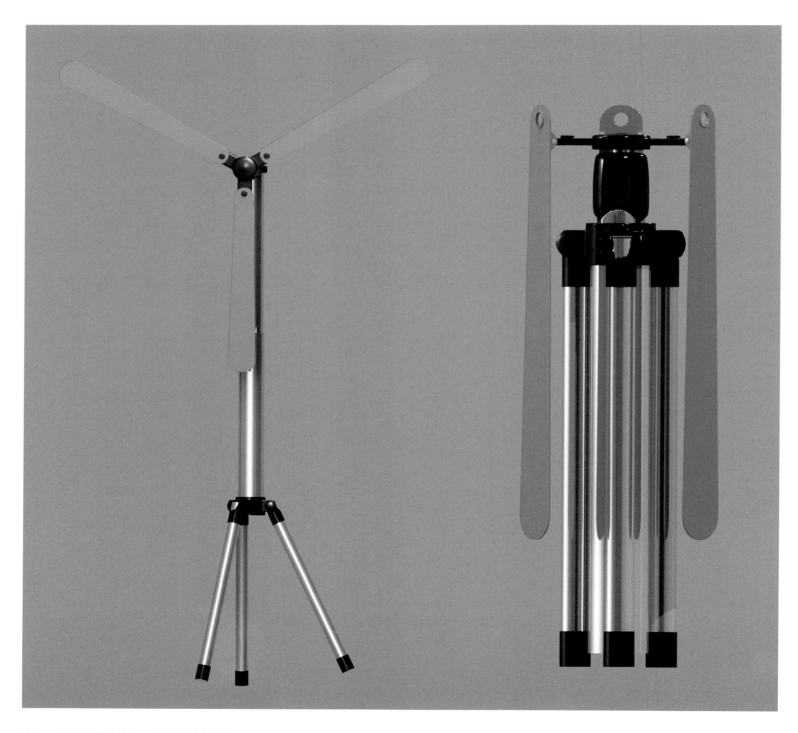

"火煮水" 电水壶

主创设计 / 邓振华

参赛单位 / 西安工业大学

设计说明 / 科技的发展，各种新工具的发明，给人类创造了更好的生活条件，人类在解决饮水问题上，很早以前就可以摆脱传统用火来加温、煮沸的方式，但人类对火这种与生俱来的热衷是从来没有停止过的。

此设计造型上追求时尚简洁，比例优美，在底座一圈透明亚克力，下边应用红色 LED，壶底采用透明仿火纹的亚克力，当电源开启，热水壶开始工作时，底座的灯光透过壶底的透明件，映射出的火纹栩栩如生，仿佛让人回到过去，让人回到一种传统的生活方式，对生活的满足感油然而生。

蔬菜保鲜加湿器

主创设计 / 陈晓明

参赛单位 / 广东工业大学艺术设计学院

设计说明 / 蔬菜是人们每天所需的食物，夏天的到来令蔬菜容易变质。人们在厨房准备午餐或晚餐，保持新鲜蔬菜是很重要的。此款蔬菜保鲜器兼有加湿功能，夏天的厨房比较酷热，加湿功能能保持厨房的湿度，令主人在厨房准备晚餐的时候有清凉的感觉。而加湿器的水和保鲜功能的水可以共用。当保鲜器关闭停用的时候，保鲜容器的液化水珠通过加湿器的自动收集装置进入到加湿器，循环利用，不浪费即使少量的水。

"磨"豆浆：豆浆机

主创设计 / 冯少海

参赛单位 / 广东轻工职业技术学院

设计说明 / 大家还记得孩童时代，自己用石磨亲手磨制豆浆的日子吗？是否感觉那时的豆浆特别地香滑？但随着时代的进步，取而代之的是各式各样的豆浆机，不过总感觉有点缺陷。本设计主要针对这点，结合古老的东方文化和现代的科技，利用石磨的形态作为设计元素设计而成的豆浆机，让冷漠的机器变得更有亲和力，力求出来的豆浆更加香甜可口。

"中国风" 之电磁炉

主创设计 / 林海科

参赛单位 / 广东工业大学艺术设计学院

设计说明 / 这款以中国著名的青花瓷元素为装饰的电磁炉，有着浓郁的中国特色，而且以陶瓷为材料也体现着浓浓的"中国风"情结，因此这款电磁炉在使用时不仅仅是一个家庭的好帮手，在闲置时也是一个相当美观的家居装饰品。

UP&DOWN 气压咖啡机

主创设计 / 欧德永

参赛单位 / 广东省中山市贤邦产品服务有限公司

设计说明 / 此款设计为气压上冲式咖啡机，利用蒸汽的压力将咖啡从特制的咖啡壶底部冲入，打破了传统机的使用定律，更换咖啡粉和添加水只需要拉开旁边的两个抽柜，操作起来更加方便。此咖啡机采用微电脑控制，可自动设定煮咖啡时间，并带有时钟功能，还具备保温功能，加上 LED 的显示使人一目了然。整个造型设计简洁，颜色淡雅，还采用了传统的方与圆元素，符合大众的审美眼光。

面包物语：烤面包机

主创设计 / 魏杭帅

参赛单位 / National University of Singapore

设计说明 / 早上，当你吃着一盘充满关爱话语和图形的面包的时候，好心情就此开始，这便是"面包物语"。面包会说话，情感在传递。操作流程：从左边插进面包，在操作界面上选择自己想要烘焙的图形，可以是文字，也可以是图案，然后按下烘焙按钮，液晶屏上显示烘焙进度。当烘焙完毕，面包自动从右出口弹出，控制界面充分考虑了人的操作习惯和视觉要求。

来自彩虹的好豆浆：豆浆机

主创设计 / 陈骏宇

参赛单位 / 中山大学

设计说明 / 来自彩虹的好豆浆，这款豆浆机有增强食欲的打眼颜色，有完美的半圆曲线，同时具备小型化的可能性，这就是这款彩虹豆浆机的特点。它的工作模式是，按钮在把手下方，可以通过下面金属反射观察到，在开动后会从蓝色塑料下透出彩虹颜色的强光工作进度条，告诉使用者煮豆浆的情况。

水元素：家用智能饮水机

主创设计 / 潘子林

参赛单位 / 华南理工大学

设计说明 / 现有的饮水机存在许多缺陷：造型土气、难以掌握温度和出水量、体积庞大难以摆放等。可以说，"水元素"就是为了解决这些问题而诞生的，力求提供一个符合现代家居时尚和健康需求的新饮水方案。

"交流"——老人专用取暖产品 + 收音机

主创设计 / 何晓霞

参赛单位 / 广东轻工职业技术学院

设计说明 / 这是帮助老年人的保暖产品，下面绒布的材质帮助老年人舒缓冬天的寒冷，上面的收音机，是通过上下滑动的方式让老年人在散步中一样可以了解世界发生怎么样的变化，也可以为老年人之间增添话题，有利于老年人之间的沟通。整个产品是通过散步中插电源使用来提供热量和电力的。

子衿：电吹风

主创设计 / 林　挺

参赛单位 / 华南师范大学美术学院

设计说明 / 子衿在我国古代多指女子服饰。"子衿"整体造型优美，富有女性美感，并运用了古典优美的装饰纹理，使得电吹风这种家中常用的小电器既古典又现代，富有中国风的美感和韵味。机身吹风方式为座式，使用十分方便，轻松自如，在吹风之余你还可以享受阅读报纸、杂志或听音乐的乐趣，在不使用的时候，它也无疑是一件不错的装饰品。

共享——煎烤炉

主创设计 / 刘开朗　刘　蕊　李春虹

参赛单位 / 广东轻工职业技术学院

设计说明 / 共享煎烤炉——与你的朋友、家人一起分享。有朋自远方来，让煎烤炉也为之敞开怀抱吧，改变以往的煎烤方式，两边同时供大家使用，客人与主人一起乐在其中，家用时就收起一边，冰糖葫芦式的收纳柜让产品充满趣味。

UP：制冰冰酒器

主创设计 / 方武晓

参赛单位 / 广州大学艺术设计学院

设计说明 / 产品设计灵感来源于马蹄莲，柔中带刚的线条挥切出产品的形态，外壳所使用的主要材料有 ABS 是（丙烯腈－丁＝烯－苯乙烯）和铝合金。拉丝金属表面使在宴会上尽显高贵，在露营时更能耐磨，在充电电池的支持下产品可独立使用，这样大大方便了使用者们在无电空间使用。本产品最大亮点在于给酒制冷的同时将水制成冰，让人们在使用时能喝到更冰爽的饮料。

咖啡泡茶两用壶

主创设计 / 练钰麟　郭　媛　周结明

参赛单位 / 广东轻工职业技术学院

设计说明 / 这是一款针对家庭用的多功能咖啡壶，抛弃了传统单一的功能，冲咖啡与泡茶可以相结合，既能满足咖啡爱好者，也能满足泡茶一族的需要。"咖啡与茶"自动控温和超温保护装置，自动断电，给你安全大保证，出水咀自动复位装置，同时配备紧致尼龙过滤网。

"音乐榨汁机"

主创设计 / 黄经先　赖春明　何素霞

参赛单位 / 广东轻工职业技术学院

设计说明 / "音乐榨汁机"顾名思义，就是榨汁时能发出音乐的榨汁机。本产品提取中国古代编钟的造型元素，结合现代音乐的形式，打破了人们千篇一律的榨汁情调，以音乐的旋律减缓榨汁时的嘈杂的马达声，给予人全新的感受，享受榨汁时带来的动听旋律。

容易"洗"环保电饭煲

主创设计 / 李俊杰

参赛单位 / 广东工业大学

设计说明 / 以环保节约为主题和理念设计的一款电饭煲，在洗米方面着手，力求把洗米时间缩短，并且对洗米的时候会造成大米浪费的这个情况进行改进，同时兼顾了蒸菜，防止出现粘底的情况。

夏日香气：干伞器

主创设计 / 董泽玄　史　芬

参赛单位 / 武汉科技大学

设计说明 / 此款产品作为一种自动干伞的小型家电，想法的萌生是由于在下雨天气家里不仅没有合适的放伞具的地方，而且还湿漉漉的水滴一地，让人看着很煞风景，由此设计了这款小型自动干伞机。该产品外观采用花瓣的造型，不仅能满足小家电实用性的要求，又可以作为一种家饰，美观而自然，因为市面上的伞具的手柄并不是都是钩状的，有些伞的手柄尾部直接连接绳子，考虑到这点把指示灯凸起一定的高度，让伞能挂住而不至落下，既有功能上的实用性，又充当了花蕊的角色，起到了和谐统一的作用。开关底部为空的圆筒，内置杀菌剂和香包，就像是花朵散发出来的迷人香气，让健康和芬芳陪伴出行者愉快度过美好的一天。

FLY-ASHER 漂浮式吸尘器

主创设计 / 唐智川

参赛单位 / 浙江理工大学下沙校区

设计说明 / 作为网络一代的我们，是否总是为了打扫卫生而烦恼呢？特别是对天花板这些高处的清扫，更是觉得麻烦。此除尘器以水母为原型，利用氢气球的浮力使其"飘浮在空中"，通过手的指引，达到天花板除尘的效果。

42L26 彩色液晶电视接收机

奖项类别 / 消费产品类

主创设计 / 杨 峰 周洪贵

参赛单位 / 深圳创维－RGB 电子有限公司

设计说明 / 如何创造"科技、时尚"的产品？如何打造"科学、进取、强大"的品牌形象？该设计通过外观的变化，实现了技术、功能与形式的统一，以良好的全方位用户体验，综合性解决了产品与品牌形象的关系。产品的设计，目的不是在做外观的创新和变化，而是最终服务于客户和市场。我们这款产品的设计正是出于对市场分析和用户体验的充分考虑而得出的解决方案，目标就是创造"科技、时尚"的产品，打造"科学、进取、强大"的品牌形象。

按钮式开合压力锅

奖项类别 / 消费产品类

参赛单位 / 广东凌丰集团有限公司

设计说明 / 传统的压力锅，给人的印象就是一种采用蒸汽压力作为动力，锅身、锅盖、手柄都比较笨重，锅盖上有一个可以移动的安全阀，在使用上带有一定危险系数的烹调用具。而按钮式开合压力锅避免了传统的压力锅上述许多不足之处，给使用者提供一种安全性好，结构牢靠，使用方便，并具有多功能烹调方法的压力锅。

电磁炉

奖项类别 / 消费产品类

参赛单位 / 广东亿龙电器股份有限公司

设计说明 / 在产品使用的方式上回归传统却易用的操作模式，用洗练和简洁的设计语言，用完美的制造工艺和单纯的色彩与不俗的质感引领了设计潮流。

泡茶机

奖项类别 / 消费产品类

参赛单位 / 广东亿龙电器股份有限公司

设计说明 / 以创新设计打破传统的煮茶方式，加热、泡茶一键式完成，在现在快节奏生活中使品茶的乐趣得到回归，一经推出即深受国内外消费者欢迎，体现了工业设计的力量。宝塔式的滤杯和茶杯布置有别于平放式的水壶加滤杯的泡茶器组合，创新概念无处不在。优美的花瓶式曲线，古典的造型，墨竹的应用等中国元素延伸了产品的文化韵味。

多功能学习桌

奖项类别 / 消费产品类
主创设计 / 蔡东青
参赛单位 / 广东奥飞动漫文化股份有限公司

设计说明 / 该多功能学习桌是一种婴儿产品，它由一块学习板、两支上支架、两支下支架和学习板上设置的各种学习用品和玩具组成。学习桌的特点是：学习板的正面设置有观景窗、玩具宠物、彩色珠盘、观后镜、方向盘、调档器、汽车钥匙、方块、手机摇铃；学习板的反面设置有印章、写字板、画笔和笔盒；上、下支架与学习板活动连接。

安全逃生导示系统

奖项类别 / 办公设备类

参赛单位 / 深圳市中世纵横广告有限公司

设计说明 / 关于突发灾害中人员伤亡的直接成因调查显示，因疏散不畅而导致的人员伤亡远远超过灾害直接造成的人员伤亡。安全逃生导示系统结合运用了蓄光自发光材料和技术，通过更加合理的布置方式，突破性地解决了建筑物内供电中断情况下的人员逃生疏散导示问题。

PRT-MEK3 医学嫩肤仪

奖项类别 / 医疗与科学设备类

主创设计 / 王效杰　朱孔舒

参赛单位 / 深圳市绿创工业设计有限公司

设计说明 / 将整合设计与整合制造紧密结合，几种工业制造方法的整合，产品内部机构与电子、电气配置的设计开发，作为整体设计解决方案的尝试，取得很好的市场反应。

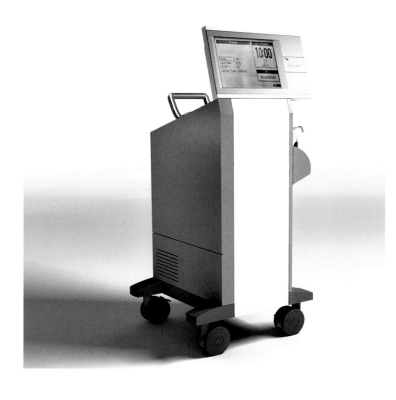
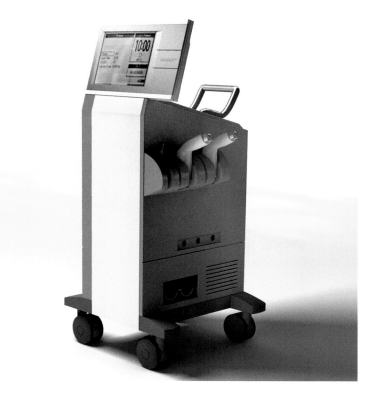

伞折单车

奖项类别 / 交通工具类

主创设计 / 谭倩茹 张雅丽

参赛单位 / 广州市大业工业设计有限公司 广东科学技术职业学院

设计说明 / 城市中交通方式的无缝衔接是一个迫切需要解决的问题。该设计以巧妙的结构，能快速实现自行车体形、体积的改变，方便使用者骑行、搭乘公共交通工具以及收纳等不同场景的变化。

1.一手折叠，轻松快捷

2.折叠后可以继续推行

3.两极加速，骑起来轻便快速

Just a little transform...

四水归堂床

奖项类别 / 消费产品类
参赛单位 / 广东联邦家私集团有限公司

设计说明 / 以简约的平直线条造型，运用淡雅的素色、木色的天然色装饰，传达出明清家具的大方、雍雅的气度。实木悠香，总有一种芬芳令人超脱，承继联邦实木家具多年深湛经验，以"第三代实木"创意"第三代家居"，精选独具东南亚禅味风情的优质斑马木，糅合多种天然材质，木香氤氲，一种历久弥深的超脱和舒服感，在不经意间深深弥漫。

X9 LCD TV

奖项类别 / 消费产品类
主创设计 / TCL 多媒体工业设计团队
参赛单位 / TCL 集团公司

设计说明 /

· 电视机的前面板和遥控器采用阳极氧化铝，体现金属质感。

· 重视电视机在家居环境中的角色。

· 满足易于保养的需求。

· 加强与用户的情感联系。

果蔬净化机

奖项类别 / 消费产品类
主创设计 / 杨 帆
参赛单位 / 广东美的工业设计公司

设计说明 / 篮子是中国传统放置蔬菜水果的容器，它方便家庭物品的运输、存放、清洗和滤干水分。而在这个产品里也有一个可以拿出的篮子，它可以通过电机旋转起来，自动控制进出的水流，形成喷淋和涡流，随着篮子的转动来冲刷和清洁蔬菜和水果。

双功能牙刷

奖项类别 / 消费产品类
主创设计 / 杨辉雄 梁志亮
参赛单位 / 广州市沅子工业产品设计有限公司

设计说明 / 为了清除刷牙后漱口盅内壁的水垢，我们有了在牙刷上附加清洗杯底功能的想法，在牙刷底部加上刷毛，并人性化地设计推拉式装置，在平时可把牙刷底部的刷毛通过推拉滑杆收到刷柄内部，不影响正常使用之余又不影响整体观感。当用于清洁杯底时，才把刷柄底部刷毛推出，解决了清洗杯底水垢的尴尬。

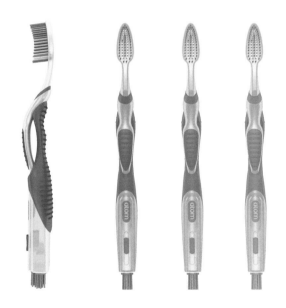

华帝消毒柜

奖项类别 / 消费产品类
主创设计 / 华帝开发部
参赛单位 / 中山华帝燃具股份有限公司

设计说明 / 双高低温设计，双层消毒柜进行隔离设计，每层都有智能、高温、低温、烘干四种工作模式进行选择，操作随心所欲。多功能层架设计，专门设计筷子、汤勺盛放区，并对不同大小和类型的餐具进行分类盛放，方便、实用。手机式按键设计，手感舒适，使用耐久。全铝合金把手，质感纯正。

罐勺一体便捷定量罐

奖项类别 / 消费产品类
主创设计 / 彭 实
参赛单位 / 个 人

设计说明 / 传统中国烹饪工作中，多定性而少定量。针对年轻一代消费群体的崛起，如何精准实现"少许""适量"等炊事手法，通过产品设计入手，既是学习烹饪的一种途径，也是掌握现代方式、实现科学烹饪的必然。

Robot-X 人型机器人

奖项类别 / 消费产品类

参赛单位 / 东莞龙昌数码科技有限公司

设计说明 / Robot-X 的设计理念是尽可能简化，方便使用者拼装和机械硬件升级。Robot-X 全身铝合金支架虽然有30多件但只有6个种类，其中关节部位的支架仅两种。部件间用标准的金属螺丝锁紧，可以方便拆装和维修；使用者还可根据自己的爱好拼装13、15、19甚至21个电机的机器人。

HT0008 精扎餐具系列

奖项类别 / 消费产品类

参赛单位 / 阳西县光达餐厨具制造有限公司

设计说明 / 产品设计新颖，美观耐用。餐勺子头采用进口304不锈钢热模锻压，采用光亮淬火技术和数控自动机精抛加工技术，表面经精抛细磨处理，光滑精致，手柄使用进口LG ABS（丙烯腈－丁＝烯－苯乙烯）精工过塑。锋口设计成锯齿形，拉切时力度容易掌握、省力。餐叉分为四齿形和三齿形，四齿形的叉齿体积小，力度大，三齿形的叉齿体积大、齿身浑厚，使用安全。该系列设计美观实用，使用轻，特别适合家庭聚餐，酒店或集体公众场合使用，深受消费者欢迎。

指纹多点锁

奖项类别 / 消费产品类
主创设计 / 李绪军
参赛单位 / 广东雅洁五金有限公司

设计说明 / 运用当今流行之元素，如汽车造型、滑盖式的手机结构和按键模式以及数码相机的液晶显示等来设计本产品外观；力求本产品的造型设计豪华大气、科技、时尚且最大可能地方便用户使用；各种元素的运用自然和谐，且适合不同场所的使用。

格力落地扇

奖项类别 / 消费产品类
主创设计 / 李 莎
参赛单位 / 珠海格力电器股份有限公司

设计说明 / 落地扇的机身主体采用银灰与黑色搭配，宽大的方形底座使产品显得厚实稳重，扇头上装饰盘以及底座的细节设计在大气中体现了细腻秀气之处。银黑搭配、电镀按键、宽大的液晶显示让整个产品简洁高档、大气十足，极具王者之风！

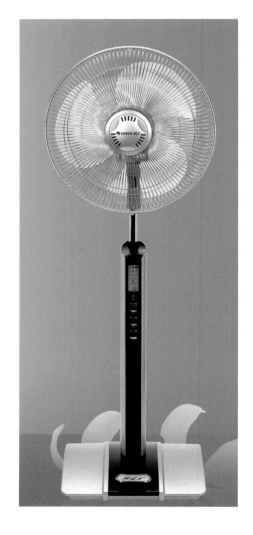

折叠式汉韵电磁茶炉

奖项类别 / 消费产品类
参赛单位 / 佛山市柏飞特工业设计有限公司

设计说明 / 设计灵感源于汉代"朱漆器"及传统礼盒，运用了现代设计手法，融入中国传统元素，显得简洁时尚而又具有中国文化底蕴，符合产品的使用环境和使用者的审美趣味；设计师大胆采用折叠式结构，既节省空间，便于存放，又美观大方；在细节上注意局部美感的表现，力求做到美学与实用性相结合。

轮转式活动连接锅耳

奖项类别 / 消费产品类
参赛单位 / 广东凌丰集团有限公司

设计说明 / 轮转式活动连接锅耳，最大的特点是节省存放空间，从而节约了包装成本与运输成本。普通使用的锅，由于在锅身上有固定的锅耳和手柄，一般不可以重叠摆放。而轮转式活动连接锅耳与锅体接合的耳座设计得非常精小，可以让直径相差2 cm 的锅体逐个套叠放置，直径最大的锅体占用最大空间。

优良设计奖 Excellence Award

ZTD110A（A03）三门消毒柜

奖项类别 / 消费产品类

参赛单位 / 创尔特热能科技（中山）有限公司

设计说明 / 全新专业化三层设计，人性化设计，让您不再担心细菌无孔不入。第一层，采用不锈钢拉篮设计，可根据刀具、砧板、汤匙等物品的大小，随意变换放置空间；第二层，可放置不同大小的餐具；第三层，采用大空间式设计，用于置放大餐具。可消毒、保鲜。三层一体化，造就高品质生活，让您时刻享受生活美味。

海尔等离子平板电视

奖项类别 / 消费产品类

主创设计 / 肖　霖　张　洋

参赛单位 / 广州毅昌科技股份有限公司

设计说明 / 海尔 P32R1时尚高雅的外观也使人眼前一亮，整个设计通过微弧面与小斜切面的有机融合，再加上简约流畅的线条，整体圆润精致外，又显得稳重而大气；通体晶莹的酷黑机身，精巧的旋转底座，独具匠心的音响以及人性化的按键设置，无不走在家电设计的时尚前沿。它的艺术之美已融入点点滴滴，尤其机身下方两条空间弧线及其之间的蓝荧光设计，更使之犹如地平线上初升的一抹蓝色曙光，点亮了现代人的品位生活。

自动翘起式安全熨斗

奖项类别 / 消费产品类
参赛单位 / 广东新宝电器股份有限公司

设计说明 / 该产品利用杠杆平衡原理设计的自动翘起式安全熨斗，在熨烫衣物时使用者手离开熨斗即自动翘起，使高温的金属底板离开衣物，以防烫坏衣物。充分体现工业设计的人文关怀，让消费者使用时更安全、更省心。环绕机身的圈状电源指示灯的设计，使你可以远距离、多角度看到电熨斗的工作状态，方便操作使用。

智能人性化安全插座

奖项类别 / 办公设备类
主创设计 / 许永兴　张雅丽
参赛单位 / 广州市大业工业设计有限公司

设计说明 / 此防触电插座，它包括底座、外壳，外壳上有二孔或三孔插孔，导电铜片固定在底座上，其特征在于铜片的上方或下方有绝缘顶块，在绝缘顶块两侧有一对金属触点簧片，所述金属触点簧片固定在底座上，并与另一插孔有金属触点簧片和本插孔的导电铜片通过导线连接。本新型插座实用，结构简单，安全可靠，能有效地防止因不慎触及插孔内铜片而造成的触电事故，具有较大的实用价值和能创造较大的经济效益。

Pokket 鼠标

奖项类别 / 办公设备类
主创设计 / 陈晓波
参赛单位 / 广东华南工业设计院

设计说明 / Pokket 鼠标体现的是一种自由自在的生活态度，以"薄形于心"重新定义了鼠标市场的尊贵风范与优雅气质。产品表面透射出的蓝光 logo，升华为一种彰显个性的时尚符号。Pokket 鼠标体现的是口袋文化，放在口袋里的鼠标告诉你，科技是快乐，不是负担。

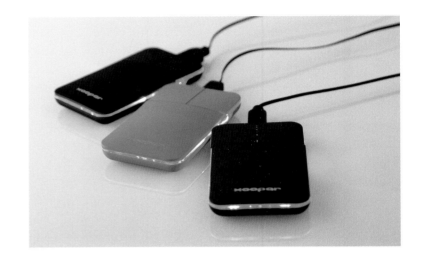

PON 光网络终端系列产品

奖项类别 / 办公设备类
主创设计 / 陈婉月
参赛单位 / 中兴通讯股份有限公司

设计说明 / 本产品主要应用于家居环境。F628的光纤盘纤一体化的人性化设计是其最大特色。 光网络终端产品除了有电源线，还有光纤线，光纤线不能随便折弯以及挤压，考虑到各种人为因素，因此在产品底部设计了盘纤结构，可让用户自行进行盘纤，可根据不同环境，自由地伸缩光纤的长度。

婴儿洗浴温度监控器

奖项类别 / 医疗与科学设备类
参赛单位 / 东莞德英电子通讯设备有限公司

设计说明 / 婴儿洗浴温度监控器是用于监测浴盆中水温变化而适时做出调节，以确保在婴儿洗浴时，水温控制在最佳温度范围。

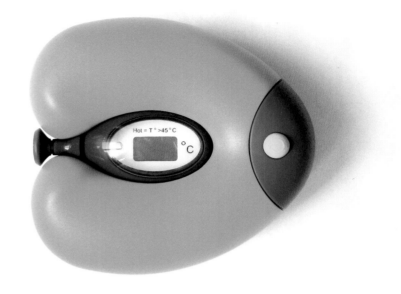

KJ-9000 微波肿瘤热疗仪

奖项类别 / 医疗与科学设备类
主创设计 / 王效杰
参赛单位 / 深圳市绿创工业设计有限公司

设计说明 / 具有创新性，彻底改变客户圆形机的外部形象、使用方式与整体价值表现。针对医生与病患的宜人性、舒适性和效率，实现使用方式与产品结构、运动机构的整体设计创新。以设计创新实现产品工业化制造和高附加值的再造。

家庭网关

奖项类别 / 办公设备类
参赛单位 / 中兴通讯股份有限公司

设计说明 / 本产品为家庭网关，可向家庭设备提供 Internet 网络连接，同时提供数据、语音、视频等多种方式的通信服务。家庭网关在家庭中起到总控、协调所有设备的作用，并为用户提供统一、方便的管理手段。本产品不同于其他终端产品的一大设计亮点，就是可随心更换上壳，用户可以自由更换图案，来搭配生活环境。

KT300 车载解码器

奖项类别 / 交通工具类
参赛单位 / 深圳市鼎典工业设计有限公司

设计说明 / 汽车产品越来越高度智能化，该产品用于汽车故障检测，是目前汽车维修的常用产品。因此，该行业传统产品形态侧重于仪表的视觉表达。本设计更多从维修工作人员的审美角度及使用角度设计产品。适应产品手持及桌面放置的使用状态需求，突出手持部分人机合理性，防滑且手感良好。在整体上强调整机的协调性以及流线美感，并通过严谨的细节呼应体现仪器可靠与稳固的视觉感受。色彩方面则采用了经典的黑红搭配，使产品既严谨又不失现代时尚之感。

HT125T-E 两轮摩托车

奖项类别 / 交通工具类

参赛单位 / 江门迪豪摩托车有限公司

设计说明 /

· 全新欧式设计，意大利风格，运动型车款，款式新颖、独特。

· 人体工程学设计，加长车身，让骑乘更舒适。

· 尾灯使用 LED 灯具，夜间行驶更安全。

· 加宽的 110/70-12 轮胎，行驶更平稳舒适。

· 新款板式铝合金货架设计，更出众，更耐用。

SY110-12 两轮摩托车

奖项类别 / 交通工具类

参赛单位 / 广州三雅摩托车有限公司

设计说明 / 三雅 SY110-12 "飞阳" 踏板式弯梁车，秉承时尚、舒适、环保、彰显个性与高品位的设计理念，将弯梁车的灵动实用与踏板车的舒适尊贵完美地结合在一起。动感十足的整车造型设计，跃动的贴花，全新的动感透明炫目前照灯，可自由调整坐姿的双人坐垫，考究的大型后座把手……每一处独具匠心的崭新设计，无不令人一见倾心。符合人体工学的车座设计，让驾乘者在长途行驶中倍感舒适惬意。所搭载的符合 EU2 排放标准的 110cc 环保发动机，节能环保，耐磨性强，加速性能平稳顺畅，使用寿命大为提高。

陶瓷布料机

奖项类别 / 工业设备类
主创设计 / 谭兆斌
参赛单位 / 广东省工业设计中心　广州市龙华工业设计有限公司

设计说明 / 陶瓷布料机是瓷砖制作流程中分配陶粉制作图案纹理效果的机械。该陶瓷布料机的设计以硬朗直线条为主，造型简洁且富有现代感。简练的外观设计有效地减少机械运作时产生的粉尘堆积，面块的划分使陶瓷布料机结构和功能更为合理，其中机械的电机部分、机械运转部分和操作平台部分都有明显的造型和颜色的区分。浅灰色调配以红色的点缀，稳重中带有活力，同时体现了企业对产品开发不断创新的理念。在结构设计方面关注安全性，如对电机进行特别的安全防护设计，电机危险部位都装上防护栏等。

多波段通信电台

奖项类别 / 医疗与科学设备类
主创设计 / 朱霄聪
参赛单位 / 广州海格通信集团股份有限公司

设计说明 / 多波段通信电台配备在车载通信系统里，整体尺寸较为紧凑，可进行创新设计的空间较小。根据用户相关要求和用户使用习惯，车内均统一采用安全隐蔽的色调喷漆，且多部电台整体风格须一致，进行互联互通，在规定的尺寸上应尽量减小电台的体积。

通信电台设计符合车载通信设备环境要求，具有良好的抗振动、抗冲击性能、防水性能、电磁兼容性、可维修性和高可靠性。该产品设计采用大量先进设计手段和技术，利用仿真分析手段，科学精确地把握系统性能。

超声波清洗器 CD-2800

奖项类别 / 医疗与科学设备类

主创设计 / 王效杰

参赛单位 / 深圳市绿创工业设计有限公司

设计说明 / 具有创新性，将结构设计创新与人机使用创新以及造型视觉创新巧妙地结合在一起，使得三者有机地统一与和谐，由此创新带来该产品在全球同类产品的重要突破，形成时尚现代与实用的最佳融合，其视觉形式与使用方式在设计后5年时间内保持不落伍。

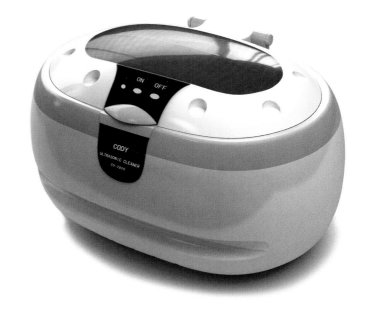

比亚迪 F6 小轿车

奖项类别 / 交通工具类

参赛单位 / 比亚迪股份有限公司

设计说明 /

·车身线条：圆润饱满、柔中带刚而又不失动感。

·深 U 形前脸设计，使整车倍显优雅与风度。

·紧凑宽大的一体式尾部设计，更加突出 F6 的整体流线型和运动感。

·205宽胎，铝合金轮毂205/65R15的宽大轮胎，行驶平稳，抓地力强。铝合金轮圈，质量轻、散热佳，美观且有利于提高行车的安全性，也能提高行车的舒适性。一见倾心。符合人体工学的车座设计，让驾乘者在长途行驶中倍感舒适惬意。所搭载的符合 EU2排放标准的110cc 环保发动机，节能环保，耐磨性强，加速性能平稳顺畅，使用寿命大为提高。

80 英尺豪华游艇

奖项类别 / 交通工具类
参赛单位 / 珠海太阳鸟游艇制造有限公司

设计说明 / 兰鸟80ftB 豪华游艇是太阳鸟公司联合国防科技大学、华中科技大学研发的一种全新风格的"环保型""豪华型""先导型"高性能复合材料豪华游艇，它充分吸收了国内外高速船艇设计与制造的成功经验以及豪华游艇的设计理念，独特的充满动感的线型设计，包括选用新型材料与设备，新的"真空扩散"工艺技术，都代表未来几年中国豪华游艇的发展走向，可称为蓝色高速公路上的"沃尔沃"，是时尚大气的水上"标志性"船艇。

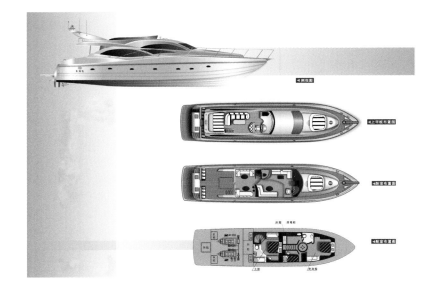

Selene59' 游艇

奖项类别 / 交通工具类
参赛单位 / 珠海杰腾造船有限公司

设计说明 / 按照劳氏船级社 A 级标准所设计建造，Selene 59' 游艇具有单引擎或双引擎的配置，可排开 55 792.8 千克的水量，其强度跟稳度完全可以穿行横越于辽阔的海洋。它 5'8" 的吃水同样可以让你在低浅的热带水域，平静的海港小溪任意穿行。欧式船艉及整体式跳水板让其晋升于中型豪华游艇的行列。FRP 硬顶太阳棚无疑也大大提升了该型游艇的实用性，对于游艇的外在造型也大有助益。

"角度"通讯插箱系列

奖项类别 / 工业设备类

参赛单位 / 中兴通讯结构产品部

设计说明 / "角度"通讯插箱系列为中兴通讯系统产品 P1策略的代表。该系列产品通过统一的设计语言，体现了中兴通讯系统产品所一贯拥有的专业、高品质的品牌形象，并通过"角度"这一概念完美地传达出"稳定、创新、严谨、智慧、锐意进取"的品牌核心理念。

快速连接拆卸装置

奖项类别 / 工业设备类

主创设计 / 梁毅莹 张雅丽

参赛单位 / 广州市大业工业设计有限公司   广东科学技术职业学院

设计说明 / 这个装置是为建筑节能木材、装饰、门窗、家具、屏风等需要拼接的物件快速拆卸而设计，它使用铝合金材料，打破传统拼接方式，无须任何装修工具，只需一条金属条就能简单、快捷、方便地使家具或要连接的木板材料拼接起来，而且拆卸方便。真正做到快捷、安全、坚固、实用。

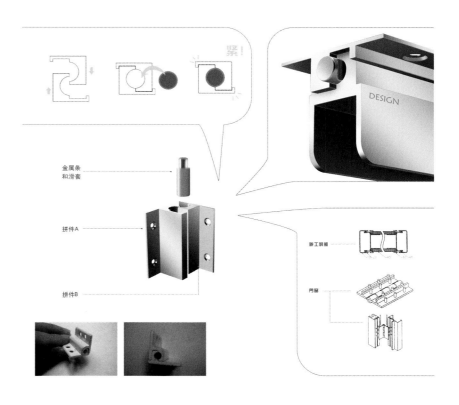

旋刀式香蕉灭茬还田机

奖项类别 / 工业设备类

主创设计 / 黄其新　韦　玮　黄裕华

参赛单位 / 徐闻县通用设备厂有限公司

设计说明 / 旋刀式香蕉灭茬还田机是一种与拖拉机悬挂使用的农业机械化耕作机具。适用于在香蕉收获以后，破碎及除掉在田间直立或卧倒于地表的香蕉残茬 。便于以后用铧式犁、旋耕机或圆盘耙把在地表的碎香蕉残茬连同表土一起翻压到下层，或与土壤混合，优化由香蕉残茬变成腐殖质的条件，从而增加土壤的有机质，改善土壤结构，为作物稳产高产创造良好条件。

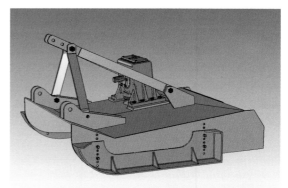

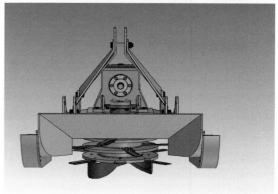

"深圳·设计之都"主题形象壁画

奖项类别 / 平面包装类

主创设计 / 张建民

参赛单位 / 深圳市中世纵横广告有限公司

设计说明 / 设计是艺术、创造和技术的综合体现，壁画头像选择艺术大师——达·芬奇，发明创造大师——爱迪生，科学技术大师——爱因斯坦代表了人类在这三个领域的最高境界；全球设计界最受景仰的华人设计师代表——贝聿铭，是中国设计师们的骄傲和榜样，选择这四位大师的头像作为壁画创作主题，表达了广大设计师对于大师们的崇敬以及对于大师们所取得的成就的向往和追求。

镇纸盒（纪念工艺品）

奖项类别 / 平面包装类

参赛单位 / 中山市奇典居家具有限公司

2010

第五届"省长杯"获奖作品

比赛流程
Competition Process

2010

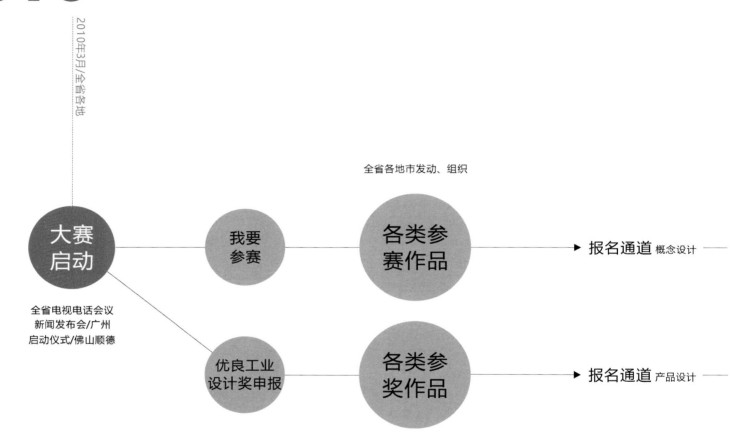

2010年3月/全省各地

全省各地市发动、组织

大赛启动

全省电视电话会议
新闻发布会/广州
启动仪式/佛山顺德

我要参赛

各类参赛作品

报名通道 概念设计

优良工业设计奖申报

各类参奖作品

报名通道 产品设计

2010 第五届"省长杯"
竞赛评委：

童慧明　汤重熹　杨向东　丁长胜　李　北　廖志文
张海文　王金广　刘　振　王方良　崔平平　单晓彤
李德志　梁　永　张　伟　余　宇　王永才　张建民
骆　欢　周红石　陈　江　柳冠中　裴继刚　孙　亮
李青峰　鲁晓波　潘　杰　蒋　雯

优良奖评委：

童慧明　汤重熹　杨向东　骆　欢　黄海滔　俞伟江
王金广

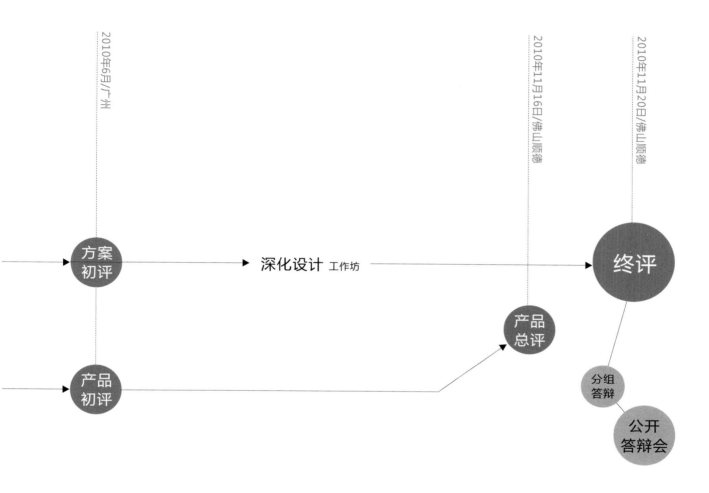

方案初评 2010年6月/广州

深化设计 工作坊

产品初评

产品总评 2010年11月16日/佛山顺德

终评 2010年11月20日/佛山顺德

分组答辩

公开答辩会

本届综述及奖项
Review and Awards

2010

面向现代产业的设计
——第五届"省长杯"大赛回顾

　　2010 年岁末, 当全国大多数地区陆续进入深冬, 此时的广州却似温暖的秋天。12 月 5 日, 在广州琶洲保利世界贸易博览馆近四万平方米的展场内, 中国工业设计周、广东工业设计活动周、广州国际设计周同时开幕。

　　收获的季节, 广东工业设计的成就, 受到了来自各地业界和政府人士的高度关注。"改变·创新""面向现代产业的设计"两条巨大的条幅在展馆外格外引人瞩目, 以设计创新推动企业转型升级、实现经济发展方式的转变, 构成了本次广东工业设计展的主题, 而面向现代产业则是高度重视、大力发展工业设计政策导向最集中的体现。

　　众所周知, 广东是制造大省, 尤其是在整个珠三角地区, 已成为全球公认的制造基地。制造业的兴衰, 决定着广东经济发展的成败。持续了两年多、至今尚未摆脱的全球性金融危机, 为出口加工型的制造业敲响了警钟: 对海外订单的高度依赖让大量只懂加工的企业难以为继, 只有"制"没有"造"的世界工厂无法引领市场、撬动消费。

　　曾经, 在制造业勃勃兴起之前, 广东便有一批学者受西方现代设计思想的启蒙, 承担起设计创新教育的责任, 并投身于引领企业产品创新的实践当中。如今的广东, 工业设计从业人员达六万多, 拥有全国过半数的专业设计机构, 大中型企业都设立了自己的设计部门。伴随着制造业的发展, 工业设计从启蒙到跟随, 从跟随到带动, 而面对全球金融危机打击下制造业的困境, 其能否引领制造业的可持续发展, 乃至带动整个经济发展方式的转

2010 年 3 月 19 日, "省长杯"工业设计大赛在广东工业设计城举行启动仪式, 原广东省委委员、常务副省长肖志恒出席。

省委常委、常务副省长肖志恒出席广东省第五届"省长杯"工业设计大赛电视电话动员会议。

大赛总评现场，评委们在认真分析作品。

大赛总评中，评委在为作品讨论判分。

在大赛作品答辩会上，评委们通过互动交流，与参赛团队一起探讨设计的问题，并为设计项目进行评判。

变，已成为广东省今天关注的焦点。

在设计展最显著的位置，"省长杯"的一系列展品构成了一个独立的展区，本地观众在仔细揣摩每一项具体的设计，外地观众则对以政府首长冠名的设计奖项发生了浓厚的兴趣。副省长肖志恒、副省长佟星等广东省领导出席活动周开幕式，为"省长杯"的主要获奖者颁奖，并饶有兴致地参观了"广东工业设计展"一万平方米的展区。

时间回溯到年初或更早。

2007年，全球金融危机全面爆发的前一年，广东省政府采纳诺基亚总裁彭培佳顾问大力发展工业设计的建议，批准实施从"广东制造"转向"广东设计制造"的工作方案。根据该方案，原广东优良工业设计奖更名为"省长杯"工业设计奖。2008年，第四届广东工业设计活动周在广州举行，首次以"省长杯"命名的奖项正式设立，奖项被分为大赛和评选两个类别，前者针对能引领产品未来设计发展方向的"作品"，后者针对已上市或即将上市销售的"产品"。

受制于时机与条件，首次以"省长杯"冠名的第四届大赛和评选，其影响还主要限于设计界和产业界。但以政府首长的名义设立奖项，表明了政府对工业设计高度认可的一种态度，以及推动设计创新的政策导向与决心。

2010年年初，时任中央政治局委员、原广东省委书记汪洋在多种场合提出要办好"省长杯"工业设计大赛，应重奖获奖人员。根据广东省制造业转型升级和经济发展方式转变的战略要求，副省长肖志恒召集广东省经济和信息化委员会（以下简称"省经信委"）、省人力资源和社会保障厅、教育厅、科技厅、文化厅等部门专门讨论制订了"面向现代产业"的大赛主题，确立了在战略性新兴产业、现代服务业、先进制造业、传统优势产业等四个广东省重点发展的领域内向全省征集参赛作品。肖副省长还亲自点了"基于扩大内需的工业品设计""新技术新材料在各产业领域应用的产品设计""带动商业模式创新的设计"等几个具体题目。

在省经信委等政府部门的指导下，大赛主要承办单位广东省工业设计协会根据产业发展的实际情况，在充分论证的基础上，制订了竞赛的具体模式、流程及评价标准。大赛以产业化为目标、以项目申报的形式参赛，在经历概念设计、深化设计、项目辅导和项目评审等几个阶段，最终评出各类奖项。这些奖项不但要体现政府"重奖"的承诺，更要和政策性扶持相衔接，在项目后续的产业化过程中予以资金支持。2010年3月19日，"省长杯"工业设计大赛正式启动。

2010年11月12日,大赛总评公开答辩会在佛山顺德举行。

历经九个月,全省近四千个来自企业、专业设计机构、院校和个人的设计项目参加了大赛。其中,相当一大部分项目来自企业、来自企业与设计机构或者企业与院校的联合申报,具备产业化的基础与条件,具备产品化开发的意愿。更重要的是,在大赛进行的过程中,尚未与企业实现"对接"的设计项目积极与企业接洽合作,完善设计,加速设计作品产品化的进程。如果说立足于经济转型与发展、政府导向的工业设计大赛开了设计竞赛的先河,企业、设计机构的积极参与,项目合作对接,形成了"省长杯"与国内外各类工业设计竞赛和评奖的不同。同时,注重设计成果但更重视设计过程,重视设计的经济价值也重视设计的社会价值,提倡设计作品的产业化更提倡设计作品对制造业转型升级和经济发展方式转变的引领,这些大赛评审标准本身,就已引起省内外的高度关注。

参加大赛作品评审和答辩会的评委合影。

11月9日至11日,经过各阶段数轮严格的评审,近4 000件参赛作品中最终有200余件进入大赛总评。总评检阅的项目成果包括产品模型或功能样机、平面和视频表达的设计方案以及设计报告书,来自省内外包含香港地区的专家评委进行了为期3天的评审,60个作品进入"项目答辩"环节。11月12日,60个设计项目的主创设计师和设计团队成员对各自的项目进行了阐述和答辩,其成绩与评审成绩综合,诞生了前60名获奖项目的基本排名。

答辩会上,两位主办方的主管领导表示要加强沟通与合作,共同推动工业设计发展。

为了使大赛的成果和主要奖项更具公正性和公信力,11月16日,大赛举行总评答辩会。大赛评委会公开对即将获得主要奖项的项目团队再次进行了答辩,政府有关部门、监察机关、新闻媒体、参赛单位代表以及社会公众一起见证了大赛一、二、三等奖的诞生。

大赛总评公开答辩会结束后,主办单位、支持单位领导与部分专家评委、答辩参赛者合影留念。

在第五届广东工业设计活动周"广东工业设计展"展览上，60件大赛作品被安排在格外突出的位置。在这里，我们能看到经过两年多潜心的基础研究、诞生了拥有数十项技术专利的健康办公座椅。这件看似普通的座椅，集合了企业和省内外几所著名设计高校的智慧与力量，通过人机工学的改善，首倡健康办公的理念，为中国设计和中国产品树立了新的标准。该设计作品获奖两年后，已量产的健康办公座椅被位于布鲁塞尔的欧盟总部和位于加拉加斯的拉美及加勒比国家共同体总部批量采购，成为"中国设计"被世界高度认可的一个标志性事件。

造型时尚别致的内衣消毒烘干机，是由一位女性设计师设计的。设计师通过生活体验和发现，对女性健康的重要环节中普遍存在的问题提出了自己的解决方案。一个小智慧，填补了市场空白、创造了新的需求，产业化的前景或许就是一片新的蓝海。通过大赛诞生的移动咖啡吧、健康牛奶机都是对商业模式的创新与引领，旋压式农村用洗衣机集中体现了设计界对扩大内需的思索与行动，老年人群健康系统的开发设计既体现了对特殊群体的人文关怀又将设计提升到了系统设计的高度，而LED停车警示灯则是通过设计将新技术在新领域加以应用。特别让人高兴的是本次大赛装备类产品占有了相当的比重，比如获得二等奖的塑料拉伸流变挤出机，项目的技术创新由华南理工大学机械研究所完成，而专业设计机构在此基础上进行了操作流程与界面的设计优化，技术与设计的完美结合使这个产品具备了非常广阔的市场前景。

在"省长杯"工业设计大赛如火如荼开展的同时，"省长杯"另一项重要内容——"省长杯"工业设计奖评选工作，亦按照既定的程序进行。11月26日，专家评委会对全省17个地市及香港地区申报的368件产品，分为办公设备、工业设备、交通工具、消费品、医疗与科学设备、新媒体与包装等几大类别进行了最终评审。依据"省长杯"工业设计奖管理办法和评分标准，共评出"省长杯"工业设计奖大奖产品9个，"省长杯"工业设计奖产品55个。

"省长杯"工业设计奖是针对近两年上市销售的广东产品或设计所进行的一次检验与评价。本届评选呈现出的特点，一是设计质量明显提高，二是产品类别更加丰富，三是省内偏远地区企业申报数增加并且取得较好的成绩。在广东工业设计展上展示的60余件获奖产品，既在设计上具备各自特点，又大多数在市场上取得了较好的销售业绩，还有些自主设计的产品，如广汽的传祺汽车、飞亚达的航天表、比亚迪的电动车，凸显了广东设计的实力，并创造了巨大的社会效益。

2010年12月5日，原广东省委委员、常务副省长肖志恒宣布第五届广东工业设计活动周暨2010广东工业设计展开幕。

上图：在第五届广东工业设计活动周暨2010广东工业设计展开幕仪式上，原广东省副省长佟星为第五届"省长杯"工业设计大赛的主要获奖人员颁奖。
下图：在广东工业设计展上，佟星副省长、陈志英副秘书长在省经信委蔡勇副主任陪同下巡馆，并与大赛获奖者亲切交谈。

秋意浓浓的广州，工业设计正收获着丰硕的果实，也为未来萌生种子和积淀养分。

专程来粤参加活动周的美、英、日、韩等国专家学者在观摩"省长杯"展区后予以很高的评价。被誉为日本"国宝级设计大师"的喜多俊之先生在现场认真抚摸每一件展品，结合日本 50 年跨度的经验，得出这样的结论：广东的工业设计已经完全参与到了制造业的发展进程当中，最近三到五年中国工业设计发展得非常快，按这样的趋势，中国将在 5 年内成为设计大国。

清华大学教授、本次"省长杯"大赛评委柳冠中指出：作为改革开放先锋的广东，在政府推动工业设计发展方面又一次走在了全国的前列。以工业设计引领区域经济发展方式的转变，广东政府和各界旗帜鲜明地表明了态度，是前无古人的大事业，应该坚定不移、扎扎实实地走下去。广州美术学院教授、本次大赛评委会主席童慧明对几个未能获得主要奖项的几个项目始终未能释怀，例如能改变中国人饮奶方式革命的健康牛奶机及其商业模式设计与主要奖项擦身而过，但这些并不影响他对这次大赛"高水平"的判断，他说："过去参加各种设计竞赛的评审，总觉得和国际知名设计奖项的差距尚大，但这次却有了绝不亚于国际红点、IF 奖的成果。"

参与了"省长杯"和工业设计活动周全部组织策划工作的广东省工业设计协会秘书长胡启志认为：活动的成功归结为省经信委和人社厅联手的政策保障。产业界、政府、设计界、资本，广东省的"工业设计生态系统"已初步形成，工业设计真正实现对经济发展方式转变的引领，还需要更多力量的参与。工业设计协会作为各种力量间的一个纽带，将会力促彼此之间的沟通与理解，同时，还将通过长期的工作促进作为设计创新主体——企业——在设计创新机制上的变革。

华南地区发行量最大的报纸《南方都市报》，在"省长杯"系列活动期间，推出了近二十个版面讨论工业设计和大赛本身。该报认为"省长杯"大赛的形式、规模和影响，已经为中国工业设计大赛树立起了一个新的标杆，并寄望广东的工业设计能引导广东的制造业朝创新的深度持续发展。

上届广东工业设计活动周期间，中央政治局委员、省委书记汪洋曾批示省经贸委、省人事厅、省劳动厅关注工业设计从业人员职业资格问题。到了第五届活动周期间，广东工业设计人才体系建设已取得累累硕果：经国家人社部批准，2010 年广东省开始试点施行工业设计职业资格制度。从专业技术人员评价角度，全国第一所工业设计培训学院正紧锣密鼓筹办……

活动周开幕仪式上，广东老一辈工业设计教育家、广州美术学院原副院长尹定邦与部分获奖设计师合影。

活动周开幕仪式上，出席活动的中外嘉宾。

第五届广东工业设计周开幕前夕，佟星等省领导与部分获奖设计师亲切会面。

左一：2010广东设计展展览现场 。
左二：在广东工业设计展上，"省长杯"获奖作品展示区是展览的亮点，总能吸引年轻的设计师和尚在院校的学子们观摩、学习。
左三：展览上，粤港设计走廊建设第一次通过系统研究，以图文形式与观众见面。
左四：在展览上，正在筹建的广东工业设计培训学院亮相，图为第一批学院正在现场为观众演示快速手绘的设计表达。

中一：香港设计师李德志的设计作品MY CAR在展览上获得关注 。香港设计师积极参与广东工业设计活动周，标志着粤港工业设计走廊建设战略已取得实质性进展。
中二：正在揣摩设计的专业观众。
中三：日本设计大师喜多俊之在展览上与自己的作品合影。

右一：肖志恒副省长在和喜多俊之设计的交互式机器人互动。
右二：佟星副省长等领导在展览上观看以环幕交互式表现的广东工业设计城建设情况介绍。
右三：工业设计活动周内容之一设计媒体体验日上，台湾设计师邱丰顺在为广东南方报业集团的记者、编辑们讲解"好产品"是如何被设计出来的。
右四：展览现场，举行了包括大赛成果对接在内的主题活动。

得益于多部门的协同，"省长杯"大赛的主要获奖者们，第一次捧回了"省五一劳动奖章""省青年五四奖章""省三八红旗手""省技术能手"等各项荣誉，所有获奖者还被分别破格授予了相应级别的国家职业资格（技能人员）证书。

"省长杯"系列活动的举办，已经营造了社会尊重设计、崇尚创新的良好氛围。但广东省却有更深层次的思考，诚如省经信委蔡勇副主任所指出：:"省长杯"是引导企业和社会重视工业设计，鼓励设计与制造对接，提高产品价值，增强国际竞争力，扩大内需，推动"设计产业化、产业设计化和设计人才职业化"的一项基本制度；是发挥工业设计对产业发展"撬动"作用，实现从制造转向创造，促进经济发展方式转变的战略选择。

左图：2011年6月5日，在广东省政府礼堂，举行了隆重的颁奖典礼。肖志恒等省委、省政府领导、省经信委和省人社厅领导、组委会成员单位领导出席，并为获奖设计团队颁奖。

右图：在颁奖典礼上，石振宇等一批参加"省长杯"的设计师分别获得了奖金和五一劳动奖章、青年五四奖章、三八红旗手、省技术能手等各类荣誉。

上图：与广东工业设计活动周同步、同期、同场的中国工业设计周，举行了包括2010中国工业设计峰会在内的一系列专题活动。

中图：中国工业设计协会会长朱焘接受媒体采访。

下图：在工业设计活动周期间，广东省工业设计协会成立交互设计专业委员会（现已更名为国际体验设计协会）。

附录：

第五届"省长杯"工业设计大赛组织机构

主办单位：中国工业设计协会 广东省经济和信息化委员会

协办单位：广东省人力资源和社会保障厅 广东省教育厅 佛山市顺德区人民政府

承办单位：广东省工业设计协会 广东省职业技能鉴定指导中心 广东工业设计城

支持单位：广州毅昌科技股份有限公司 广州尚品宅配家居用品有限公司 广东省工商业联合会 国际设计联合会 华南美国商会

　　　　　香港贸易发展局 香港生产力促进局 香港职业训练局 香港设计中心 香港工业设计师协会 香港理工大学

　　　　　中国流行色协会 广东省创意产业协会 广东省现代服务业联合会 广东省青年商会 广东省青年创业就业基金会

　　　　　广州市文化创意产业协会 广州市工业设计促进会 深圳市工业设计行业协会 深圳市设计联合会 东莞市工业设计协会

　　　　　顺德工业设计协会

广东工业设计活动周组织机构

主办单位：广东省经济和信息化委员会 广东省人力资源和社会保障厅

支持单位：中国工业设计协会 广东省委宣传部 广东省教育厅 广东省科学技术厅 广东省财政厅 广东省住房和城乡建设厅 广东省交通运输厅 广东省文化厅 广东省政府港澳事务办公室 广东省广播电影电视局 广东省知识产权局 广东省旅游局 广东省总工会 广东团省委 广东省妇联

承办单位：广东省工业设计协会 广东省职业技能鉴定指导中心 广东工业设计城

组委会名单：

主　任：肖志恒 佟　星 宋　海

副主任：林　英 杨绍森 欧真志 杨建初

成　员：林存德 阎静萍 罗伟其 李兴华 欧　斌 李台然 邓玉桂 景李虎 廖京山 陈一珠 朱万昌、杨荣森 陈宗文 谭君铁 杨建珍

组委会办公室名单：

主　任：杨建初 欧真志

副主任：蔡　勇 张凤岐 欧　斌

成　员：许晓雄 陈锐斌 陈文泉 吴惠龙 李和平 邵子铀 梁丽娟 陈瑞雄 吴学斌 陈明新 张建军 陈晓建 谢　红 李　键 王晓亮

　　　　王为佳 胡启志 苏伟波 徐国元

健康办公（椅子）产品与设计研究

主创设计 / 石振宇

设计团队 / 石振宇　陈　敏　刘　杰　陈　江　赵玉亚　张之航　陈　旻　刑冬川
　　　　　尹　君　邓绮云　叶飞鸣

参赛单位 / 广东省佛山顺德艾万创新设计学研中心

设计说明 / 通过对国际、国内人机工程学相应标准与要求的研究，就现代办公椅子的原理与构造、非线性运作机制与结构材料、产品构造与外观进行创新研究；采用环境友好材料与制造工艺；完成并满足办公需要的椅子产品设计，并就该项产品基于健康理念进行系列设计。项目在促进办公家具产业升级，高端办公家具研发技术升级，满足企业生产管理与市场机制与价值转型方面，做了很好的例证、榜样。

项目率先采用非线性同步倾仰机构原理设计，充分表现了健康的办公新理念，通过人机工程各项标准的标准数据，研究方法和相关领域的研究技术，为普通用户健康办公提供了基本的技术与设计保障。

基于技术创新的原理，衍生出一系列的高、中、低健康办公理念的产品设计，显示了丰富的具有竞争力的产业化发展前景。

小型蒸汽消毒烘干机

主创设计 / 李淑贞

设计团队 / 李淑贞 杨 炯 胡彩霞 陈立明 王浩麟 吴 晗 常春晖 甘庆斌

参赛单位 / 佛山市顺德区六维空间设计咨询有限公司

设计说明 / 内衣与外衣混合洗涤带来的最大问题是女性内衣的卫生问题，项目的成功产业将引导消费者的需求，创造一个可以商业化的全新市场，设计针对女性市场需求，以时尚、优雅的造型，配以艳丽的色调，亮光珍珠质感，吸引消费者的眼球。

一体化内嵌式顶盖，配合触动式开关设计，使用更安全。简洁的控制界面，易懂易用。底部产生 40°C 的蒸汽可以带走衣物上的残留物质，加上氧化性极强的臭氧消毒，轻松杀菌消毒。利用光波原理的烘干机，智能温控 40°C 的暖风，对内衣裤进行烘干，人性化的倒计时断电功能设计，使用用户更方便地安排好各项家务和生活。

基于租赁服务的移动咖啡吧设计

主创设计 / 丁　熊

设计团队 / 丁　熊　宋冠男

参赛单位 / 个　人

设计说明 / 基于对服务设计与管理、传统咖啡店销售模式、现代会展及各类文化活动等的深入研究，提出"基于租赁服务的移动咖啡吧"这一概念，以满足各类展会及活动日益增长的临时提供咖啡售卖服务的需求。

项目创新了服务流程及商业模式，以一体化、模块化的设计诠释一种新型的咖啡生活模式，成为传统服务业的有益补充，为社会提供更多的就业机会，并一定程度上拉动内需，满足日益快速的生活节奏。

屏风、翻板等折叠结构，轻松实现产品的开合，采用折叠机开合结构，展开后，能提供约 26 平方米的营业空间。

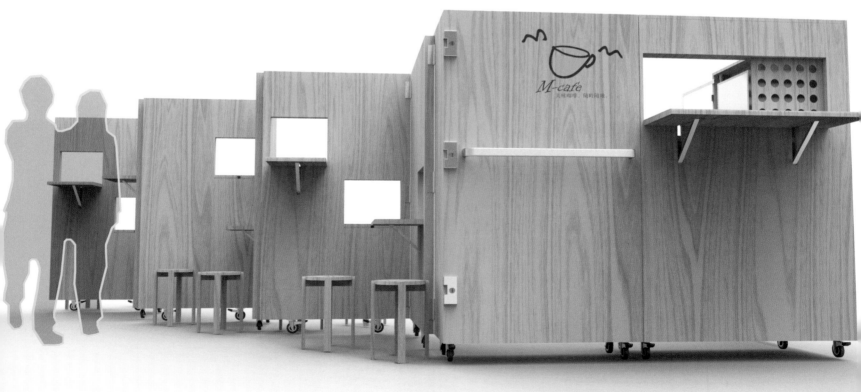

塑料拉伸流变挤出机

主创设计 / 桂元龙

设计团队 / 桂元龙 杨 淳 黎坚满 陈 智 瞿金平 何和智 殷小春

参赛单位 / 广东川上广告有限公司

设计说明 / 本项目所设计完成的"塑料拉伸流变挤出机"是运用了拉伸流变塑化原理，针对连续生产的挤塑类工艺而开发的塑料加工设备，使用于生产薄膜、电缆、管材、板材等制品，拥有完全自主知识产权，处于国际领先地位，是先有塑料挤出机械的升级换代产品。华南理工大学瞿金平教授提出并发明的"基于拉伸流变的高分子材料塑化运输方法及设备"是国内外高分子材料成形加工领域的重大创新，处于国际领先水平，已获得中国发明专利授权，申请了美国、日本及欧共体等多个国家和地区的发明专利。

项目运用塑料拉伸流变塑化原理，对连续生产的挤塑类工艺开发设计出通用型产品，通过全新造型、人机界面的再设计，主要功能组件的整合，实现产品的"机、电、气一体化"、人性化、绿化设计价值的呈现。

多功能手袋式充气保暖衣

主创设计 / 刘科江

设计团队 / 张来源　刘科江　刘倬妃　朱冬梅　张明景　林力宏

参赛单位 / 个　人

设计说明 / 很多人在出差、旅行时都要考虑当地的天气温度，唯恐气温太低不得不带很多衣服，又大又重的旅行包为出差和旅行带来很多不便。如此多的不方便之处和日益剧增的需求量形成强烈的对比，促使设计师们从人们实际需求出发，改良现有产品，设计出新型的多功能手袋式充气保暖衣。该项目可实现充电保暖、快速排湿、旅行包的功能，具有防水透气、防粘防皱、便于携带、可拆卸的优点，为人们带来舒适、便捷、环保的生活体验。

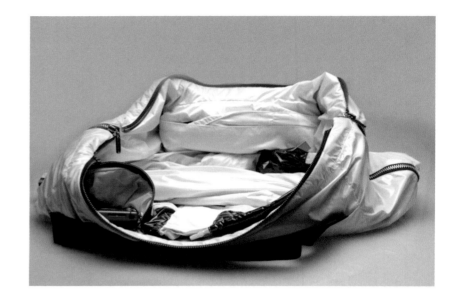

新型家用蒸馏制酒机

主创设计 / 黎锐垣

设计团队 / 黎锐垣　黄　文　向智钊　刘恩华　何浩锴
　　　　　 潘　翔　谢　芬　肖　玲　陈沃鹏　许庆伦

参赛单位 / 佛山市创达工业设计有限公司

设计说明 / 项目利用传统的蒸馏酒的技术原理，结合现代家居电器的科技，将酒槽加热、收集酒精蒸汽、冷却酒精蒸汽一系列制造蒸馏酒的步骤合在一台家用电器中，使消费者在家中就可以酿出属于自己的酒。该设计可以制造出醇香的米酒、红酒、威士忌等，既安全卫生，又为家庭生活增添乐趣。

城市车位网

主创设计 / 陈小南

设计团队 / 陈小南 杜　林 张　欣 何倩琪 周玉芳 周禹丰
　　　　　许怀丰 刘陶忠 徐　宇 刘东坚 张冬姨

参赛单位 / 广东华南工业设计院　东莞市帕马智能停车服务有限公司

设计说明 / 该项目是"车位监控系统与车位监控传感器"技术在智能交通领域的现实应用。该系统包含信息分布系统、车位星系收集系统、数据服务中心、结算银行、监管中心等部分，实现城市安静交通的自动计时收费和道路车位的实时监控。项目模块化设计，有利于降低成本，方便运输；采用差异化设计，彰显城市特色；简约时尚的设计风格，体现谎报停车、低碳出行的设计理念。智能停车收费管理模式具有明显的优势，有利于解决人工和咪表收费方式出现的效率低、管理难、功能单一等问题。

科技型腕表

主创设计 / 石振宇

设计团队 / 石振宇 陈　旻 邓绮云 叶飞鸿 宋玥昀

参赛单位 / 广东省佛山顺德艾万创新设计学研中心

设计说明 / 项目希望以高科技、人文性的手表走出一条新路，着重突出材料和现代加工的特质，不做装饰的立体表盘给人一种现代科技感。同时提出一种新的结构方式，更注意表和袖口接触的顺滑性。

表整体采用 316L 不锈钢制造，机械自动表芯，表蒙使用蓝宝石，表带为橡胶，加强了表与表带的一体化设计。立体表盘加工上使用了磁性氧化工艺，使其多了不同色彩的搭配，增加了使用人群。

旋压式农村用洗衣机

主创设计 / 侯 英

设计团队 / 侯 英 杨 炯 陈立明 傅 彧 向智钊
刘恩华 黎锐垣 谢 芬 何洁凯

参赛单位 / 清华美院设计战略与原型设计创新中心
广州大学工业设计研究所
顺德区六维空间设计咨询有限公司

设计说明 / 项目针对广东地区的普通农民大众，解决其日常生活中必不可少的洁衣问题。该设计采用旋压式结构，通过"活塞"的挤压，由适量的水向衣物传递挤压力。在实现除泥沙清洁的同时，利用水的柔性传递，尽可能地保护衣物。该项目在为农民用户解决实际问题、提升其生活质量的同时，也具有良好的市场前景，产业化对接可行性高，拥有多方面的潜在价值。

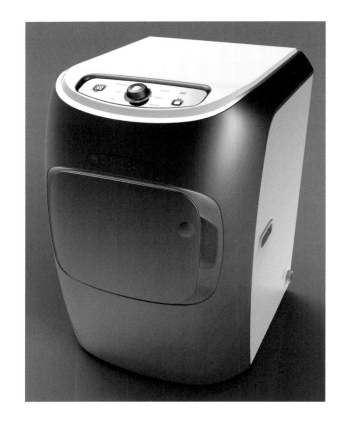

OLED 或 LED 光源的应用

主创设计 / 张 欣

设计团队 / 张 欣 郑永康 林春晓 高键坚 梁润荣 吕长芬 叶淑仪

参赛单位 / 个 人

设计说明 / 社会的发达，汽车数量日益增长，一个好的路障牌安全指示是必不可少的。LED 路障灯外形简约，在结构上实现创新，通过技术与结构的融合，大大地提高了夜间、雨雾天气的使用效果。路障指示一定要有一个稳定的结构，LED 路障灯继续沿用比较稳固的传统三角形结构，为了加强夜晚的警示能力，引入 LED 灯摇摆发光警示信息，方便人在夜晚迅速识别，减少事故发生的危险。

数控机床自动检测校正系统

主创设计 / 张　欣

设计团队 / 郑永康　梁润荣　林晓春　高健坚　吕长芬
　　　　　叶淑仪　邵国安　赵兰森　罗小涛

参赛单位 / 广东工业大学艺术设计学院　广州数控设备有限公司

设计说明 / 该产品设计将机械自动装夹、三维三描自动对刀、在线监测信息反馈和在线监测产品质量控制等创新点整合成一个系统，具有精密、高效、省时、节能环保的特点，实现一个新的柔性加工系统。

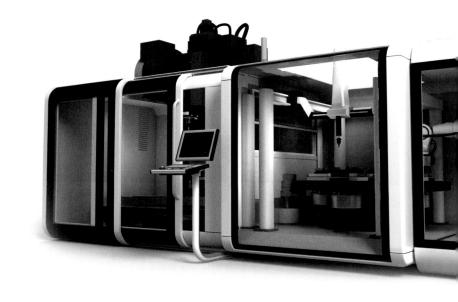

旋转咖啡机

主创设计 / Hugo Cailleton

设计团队 / 康永权　陈文锋　卢枚莲　廖凤琼

参赛单位 / 佛山市顺德区顺领设计服务有限公司

设计说明 / 该设计无论从外观上还是功能上都比滴漏式咖啡机有新的突破，该咖啡机在三分钟之内可做出 8 杯咖啡，加入了旋转滤网和置顶直流式使水和咖啡粉之间进一步接触，控制温度的流失，使咖啡更加美味。

42 平方米居室围绕廉租房的
装饰和家具用品设计——中小户型

主创设计 / 徐　岚

设计团队 / 谢莉莉　黄捷文　高惠文　程伟贤　方家丽　梁钰斐

参赛单位 / 广州美术学院　广州逸尚家具有限公司

设计说明 / 该创新性产品系统研发项目与传统家具研发项目不同，该项目的结果不是一套或多套定型、定尺寸、定花色的不变的家具产品，而是一套提供多种形式、尺寸及花色选择的产品系统。一方面消费者可以在该系统内选择产品体或部件进行组织，从而得出全屋整体家具方案并通过柔性生产转化进入寻常百姓家的产品。另一方面，这种系统化的家具产品还能提高空间利用率，使中小户型住宅珍贵的空间更好地利用起来。

健康牛奶机

主创设计 / 林联栋

设计团队 / 刘诗锋　梁智坚　刘　军

参赛单位 / 佛山顺德灵目工业设计有限公司

设计说明 / 通过铝制密封罐装牛奶，半导体制冷模块冷冻保鲜，取代原有的利乐包和玻璃瓶装牛奶方式，缩减了销售环节，降低了包装成本，延长了鲜牛奶的保质期，解决"奶农倒奶，人们喝不到奶"的社会矛盾，打通牛奶市场销售渠道，增加人均牛奶消费量，提高国人体质。牛奶罐可循环利用，打造复合低碳环保的品质生活。

移动展示设计

主创设计 / 汤　强
设计团队 / 张俊竹　姚永挥　刘小龙
参赛单位 / 个　人

设计说明 / 本项目的主要创新点是能够解决产品展示的方便性、移动性和携带性问题。

太阳能灯具

主创设计 / 王艳群
设计团队 / 方武晓　江　心
参赛单位 / 佛山市顺德基石设计研发有限公司

设计说明 / LED 电子蜡烛的出现在实现更多色光表现的基础上，更大程度地解决了传统蜡烛使用过程中对环境的污染。现有的 LED 蜡烛产品同化严重，品质感差，同时也对环境造成一定的污染。本项目将定位于太阳能运用，往高端品质、低碳、节能的 LED 产品方向进行研发设计。

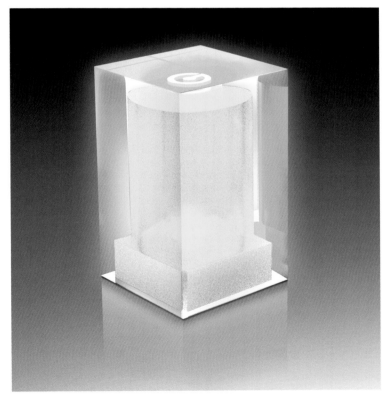

Intimacy 双人滑板

主创设计 / 蔡　伟

设计团队 / 蔡　伟

参赛单位 / 广州美术学院

设计说明 / Intimacy 双人滑板应用巧妙的机械结构连接两块滑板，从而让两个人在玩滑板的过程中除了得到体育的锻炼外，更重要的是能够让他们得到情感上的互动。双人滑板的结构设计不仅保持着大部分的可玩性，而且它需要两个人的默契配合后才能达到最为理想的互动效果，就像它的创意来源于交际舞一样。

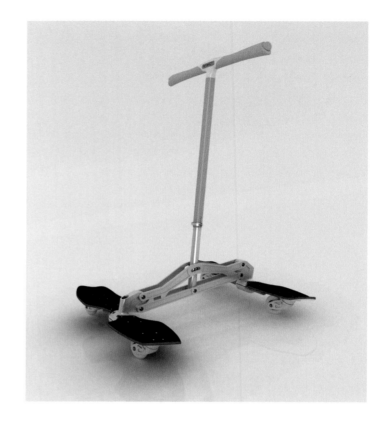

现代卫浴产品附加功能设计
之宠物坐便器——POPO

主创设计 / 张　剑

设计团队 / 刘　芬　梁子宁　黄军花　于庆庆

参赛单位 / 广州美术学院　佛山市南海益高卫浴有限公司

设计说明 / 此设计意在解决宠物如厕问题，为养宠物的家庭设计。坐便器中间加网格，防止宠物掉落，同时刚好适合宠物排便的渗漏。坐便器背部有凹槽，能与坐便器轮廓完好咬合，宠物排便时更稳、更安全。同时座便器后面有提手，便于主人拿放。

"PO PO"
宠物座便器

商品楼公共烟道"排烟净"

主创设计 / 黄先华

设计团队 / 刘诗锋　孔宝润　刘　军

参赛单位 / 佛山灵目工业设计有限公司

设计说明 / 由于我国的饮食习惯是将食用油加热至很高的温度再进行煎炒烹炸，所以在烹饪过程中不可避免地会产生油烟，不但危害人体健康还严重污染大气环境。结合我国商品楼都使用公共烟道这一现状做出这个设计，先将公共烟道排除的油烟经过机械式油烟分离模块分离，然后通过静电油烟净化模块对剩下的油雾小分子进行彻底分解净化，减少环境污染，并收集废油，用作工业原料。

基于环保材料的
碾磨技术研究和产品设计

主创设计 / 石振宇

设计团队 / 陈　江　刘　杰　高健坚　邢冬川　宋玥昀　彭海辉
　　　　　 马智坚　陈川荣　周　佩　黄　生　王昕迪

参赛单位 / 广东省佛山艾万创新设计学研中心

设计说明 / 本项目充分利用纳米陶瓷材料的特性，以纳米陶瓷代替传统金属，大幅度提高了产品的性能以及寿命，控制了金属刀片有毒物质的析出，也降低了金属材料频繁报废回收引起的环境压力，将能有效促进家电产业环保技术的提升，并且真正满足人们清洁、卫生、营养和健康的现代饮食需求。

遗弃的肥料

主创设计 / 宋 轩

设计团队 / 郭家涛 胡 丁 彭华顺 叶 聪 杨伟钦

参赛单位 / 广州美术学院 C407 Studio

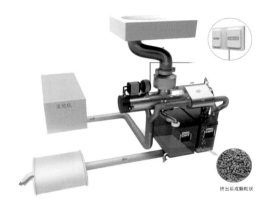

老年人群系列产品及服务体系

主创设计 / 刘 斌

设计团队 / 秦 臻 郑 浩 廖大伟 何其兴 陆 晏 曾志荣

参赛单位 / 深圳嘉兰图设计有限公司

蚁族宝

主创设计 / 陈琪峰

设计团队 / 肖石洋 刘国华

参赛单位 / 广东新宝电器股份有限公司

现代绿茶茶具

主创设计 / 梁建业

设计团队 / 陈 岚 凡 兵 谢 煜 余庆文 王君涛 冯艳芬

参赛单位 / 佛山市青鸟工业设计有限公司
        广州恒福茶业有限公司

节能柴炉

主创设计 / 何浩锴

设计团队 / 罗满成 刘恩华 黎锐垣 陈沃鹏 许庆伦 徐和平

参赛单位 / 佛山市顺德区厨圣电器有限公司

　　　　　广州大学工业设计研究所 佛山市顺德区工业设计协会

无消耗家用清洗器

主创设计 / 徐国栋

设计团队 / 刘诗锋 伍晓羽 刘 军

参赛单位 / 佛山市顺德灵目工业有限公司

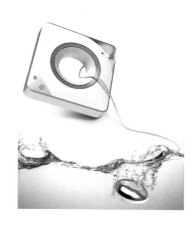

蜗牛健步洗衣机

主创设计 / 陈世宣

设计团队 / 陈朝杰 张 景 孔晓文 吴嘉杰 巫秋兰

　　　　　康泳华 陈 亮 陈泽彬

参赛单位 / 广东工业大学艺术设计学院

RFID 封装设备

主创设计 / 曾燕强

设计团队 / 余 宇 唐宗海 叶泽才 黄慧娴 林铭勋

　　　　　罗 强 刘东坚 谢嘉毅 饶高昶

参赛单位 / 广东华南工业设计学院

　　　　　东莞华中科技大学制造工程研究院

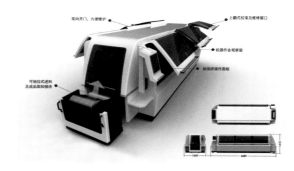

碳纤维折叠自行车

主创设计 / 黄可俭

设计团队 / 韩 术

参赛单位 / 广州市银三环机械有限公司

实用便携厨房

主创设计 / 陈兴波

参赛单位 / 个 人

静音豆浆机

主创设计 / 万亚军

设计团队 / 许秦智 任立刚 吴蕙妍
　　　　　唐路逢 朱小纯 郭邵文

参赛单位 / 中山市格兰仕生活电器制造有限公司

环保型陶瓷布娃娃

主创设计 / 邱楚芳

设计团队 / 张丽华

参赛单位 / 潮州市庆发陶瓷有限公司

智能美容仪

主创设计 / 龚春海

设计团队 / 龚春海　吴世远　林 炬　王 赟　王莹莹　黄莉

参赛单位 / 卓维科技有限公司

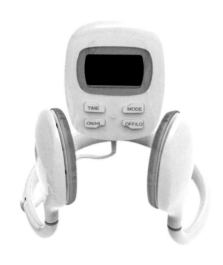

掌上型多功能一体化无线检测诊疗仪

主创设计 / 汤 彧

设计团队 / 单冠聪　黄 旋　周禹丰　徐怀峰　何倩琪　梁志伟
　　　　　余 宇　陈朝杰　刘东坚　王永运　苏长进　贺丽丽

参赛单位 / 广东华南工业设计院
　　　　　东莞广州中医药大学中医药数理工程研究院

智能数字化康体机

主创设计 / 李小泉

设计团队 / 许永兴　张雅丽　梁毅莹　张奕波

参赛单位 / 广东科学技术职业学院
　　　　　广州市大业工业设计有限公司

公路可再生能源集成有限公司

主创设计 / 孟 晔

设计团队 / 陈华钢　周 凯　方建松　刘方伟　黄润辉
　　　　　刘培根　彭伟文　钟元章　靳少敏

参赛单位 / 广东白云学院

婴儿手推车设计

主创设计 / 李辉雄

设计团队 / 王精龙　严　广　姜胜军

参赛单位 / 华南师范大学

　　　　　中山市乐美达童车有限公司

节能型健康速热水壶

主创设计 / 常春辉

设计团队 / 杨　炯　胡彩霞　陈立明　李淑贞　王浩麟

　　　　　吴　晗　甘庆斌　曹家仲

参赛单位 / 佛山市顺德区六维空间设计咨询有限公司

灾后应急——脚部保护配件

主创设计 / 黄　正

参赛单位 / 个　人

儿童"乐乐椅"

主创设计 / 张泽鑫

设计团队 / 冯安平

参赛单位 / 佛山职业技术学院

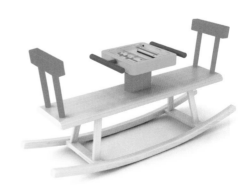

双层高效节能压力锅

主创设计 / 伍尚凯

设计团队 / 钟洪伟　李广斌　梁建秀　顾世石　梁卫民

参赛单位 / 广东凌丰集团有限公司

家用燕麦片机

主创设计 / 梁星海

设计团队 / 萧国亮　伍结梅　胡倬雅

参赛单位 / 佛山市顺德区潜龙工业设计有限公司

传统编织产品研发和运用

主创设计 / 覃大力

设计团队 / 谢文羽　汤静娟　岑观拓　窦之华　覃开建
　　　　　何水桥　关家勇　蒋　芳　何　礼

参赛单位 / 广州美术学院纤维艺术工作室
　　　　　山东省临沭县荣华工艺品有限公司
　　　　　广西平南金马工艺品有限公司

非接触型手掌静脉识别门禁系统

主创设计 / 刘恩华

设计团队 / 何浩锴　向志钊　黎锐垣　潘　翔　谢　芬
　　　　　肖　玲　薛　渝　陈沃鹏　许庆伦

参赛单位 / 佛山市南海创达工业设计有限公司

运动型婴儿手推车设计

主创设计 / 李辉雄
设计团队 / 黄俏明　严　广　姜胜军
参赛单位 / 个　人

城市土方运输车辆环保清洁装备

主创设计 / 黎　曚
设计团队 / 丁　新　宋小春　王　平
参赛单位 / 佛山市顺德区龙创域快速制造科技有限公司

城市多功能电动汽车

主创设计 / 邓海山
设计团队 / 肖　宁　高　祯　陈传华　林言瑜　石　帅　Christian
　　　　　 Margolus Zavala　黄弟二　梁翠连　陈南钰
参赛单位 / 广州美术学院
　　　　　 广汽集团汽车工程研究院

老年人旅行背包

主创设计 / 李慧慧
参赛单位 / 佛山市顺德区心雷工业产品策划有限公司

廉租房组装式卫浴空间设计

主创设计 / 张　剑

设计团队 / 刘　芬　梁子宁　黄军花　于庆庆

参赛单位 / 广州美术学院

　　　　　 佛山市南海益高卫浴有限公司

"安享"老年人热水器

主创设计 / 林少丰

设计团队 / 刘诗锋　刘　成　刘　军

参赛单位 / 广东万家乐燃气具有限公司

　　　　　 佛山市顺德灵目工业设计有限公司

热泵热水器

主创设计 / 贾振钊

参赛单位 / 广东万和新电气股份有限公司

家电用品——贴心暖气机

主创设计 / 李宏超

参赛单位 / 深圳大学

全自动电脑控制面包机

主创设计 / 姚 豪

设计团队 / 于伦超 蒋 斌

参赛单位 / 广东德豪润达电气股份有限公司

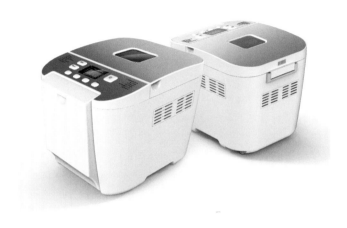

智能听诊器

主创设计 / 孟 晔

设计团队 / 陈华钢 梁志伟 方建松 刘 帆 黄润辉
　　　　　刘培根 彭伟民 钟元章 靳少敏

参赛单位 / 广东白云学院

钎焊炉

主创设计 / 梁基会

设计团队 / 周 照 王定南 林 翎 陈日来 成世光
　　　　　刘首越 冯宝亨 吕广源 陈碧峰

参赛单位 / 佛山市南海创达工业设计有限公司

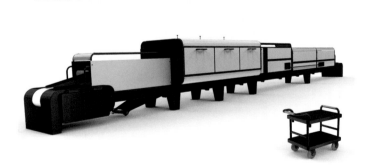

"飞天蜗牛"多士炉

主创设计 / 郭绍文

设计团队 / 朱小纯 万亚军

参赛单位 / 中山市格兰仕生活电器制造有限公司

便携式多功能折叠行李箱

主创设计 / 陈立明

设计团队 / 杨　炯　胡彩霞　王浩麟　李淑贞　吴　晗
　　　　　常春辉　甘庆斌　曹家仲

参赛单位 / 佛山市顺德区六维空间设计咨询有限公司

多功能早餐机

主创设计 / 黄小龙

参赛单位 / 个　人

儿童智能安全监测提醒装置

主创设计 / 王浩麟

设计团队 / 杨　炯　胡彩霞　王浩麟　李淑贞
　　　　　吴　晗　常春辉　甘庆斌　曹家仲

参赛单位 / 佛山市顺德区六维空间设计咨询有限公司

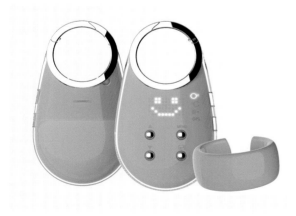

Slice-Fold 拖鞋

主创设计 / 彭伟民

设计团队 / 何小娟　潘文芳　方建松　邓　威　陈家球
　　　　　黄进栓　康　乐　柯子烁　饶铭勇

参赛单位 / 广东白云学院

童车

工业设计 / 杨正帆　叶川铭　李玮烨　江森永
生产企业 / 中山市隆成日用制品有限公司
设计机构 / 中山市隆成日用制品有限公司

设计说明 / 本项目提供一种全新的婴儿车外观和结构的创新设计，其包括使用者在任何情况下均可实现单手操作座位换向、煞车系统、婴儿车的骨架收折以及座位靠背的调整模式等各项创新的操作模式与机构，特别是推车者在不移动位置的情况下，利用手把的转动，来达到变换座位方向的操作模式。

早餐机 MF3451

生产企业 / 广东新宝电器股份有限公司
设计机构 / 广东新宝电器股份有限公司

设计说明 / 此款针对西方人设计的多功能早餐机采用全不锈钢机身，造型简约，外观
高档，蓝色的 LED 工作灯使得此产品冷静的外表下平添了几分温暖，带给人视觉上唯
美的感觉。同时，LED 显示屏也可以使用户直观地看到自己的操作，使用简单明了。
此产品集合了多士炉、咖啡机以及电水壶的功能于一体，真正实现了"烤面包""煮
咖啡""烧开水"一机完成，方便快捷。

现代生活节奏加快，城市人口迅速膨胀导致房价的高涨，一般家庭房屋使用面积有限，
但是由于家电市场的细分，各种家用电器纷杂繁多。西方家庭的厨房橱柜空间较小，而
厨房电器却非常繁多，因此很多家庭为厨房电器太多没有地方摆放而烦恼，且这些厨房
电器又是日常生活中不可缺少的。此产品在设计上充分考虑了西方人的厨房多电器的
状况，将三种西方生活中不可缺少的厨房电器进行功能组合，整合成为一个产品，缓解
了厨房空间少、电器多的情况，节省了厨房空间。

读者电子书

工业设计 / Carsten　李建华　杨斯康

工程设计 / 胡宏斌

生产企业 / 读者甘肃数码科技有限公司

设计机构 / 深圳市洛可可工业设计有限公司

设计说明 / 作为读者电子书的新一代产品, 不仅采用视野更广阔的 6 寸大屏, 而且应用了 16 灰阶电子墨水技术, 令其屏幕更接近于纸质大高清显示。同时整体外观设计宛若盛满水的瓷盘, 其中滴墨散开, 寓意水墨丹青, 体现出清新淡雅的"读者"形象。

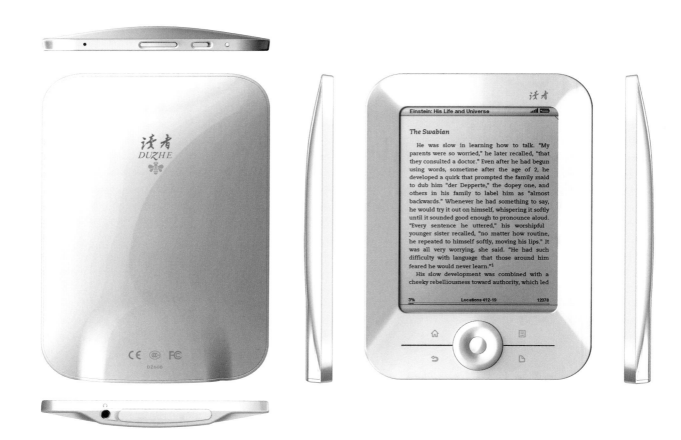

5+ 声波牙刷

工业设计 / 黄国铭　袁文雪
工程设计 / 黄锦锋　邓桂浩
生产企业 / 东莞市力博得电子科技有限公司
设计机构 / 广州市沅子工业产品设计有限公司

设计说明 / 5+ 专业声波牙刷专为需要改善口腔健康、全方位护理口腔的人士设计。
它是一款利用声波原理，由刷头每分钟28 000次—31 000次高频宽幅左右摆动，
产生强劲波动洁力、全面清洁口腔、不留死角的产品。在利用清洁刷头或正畸刷头
进行清洁后，配合使用齿间刷、按摩刷头、舌苔刮，对口腔可进行全方位的、彻底
的、专业口腔医生式的呵护与保障护理。

牙刷主体设计以黑色拉丝金属片为主，与白色主体材质上形成鲜明的对比，配合沉
稳的色调，使产品看上去更尊贵、大方、高档。五个不同造型刷头的独特设计取源
于"牙医生—啄木鸟"形象，丰富而又生动地体现在整套产品的使用特色中。

传祺中高级轿车

生产企业 / 广州汽车集团乘用车公司
设计机构 / 广州汽车集团股份有限公司汽车工程研究院

设计说明 / 传祺是广汽首款自主品牌中高级轿车，由广汽举全集团之力，在广汽研究院的主导下全新自主开发。传祺传承了世界先进的中高级轿车的底盘与发动机技术优势，融入了广汽对中国汽车市场的独到理解，结合广汽一贯的精湛造车品质，性能卓越，质量可靠，可以满足个人、商务、公务各层次消费者的广泛需求，定位为动静皆宜的运动型行政轿车。

轮回系列面盆龙头

工业设计 / 唐小平

工程设计 / 安蒙设计团队

生产企业 / 鹤山市安蒙卫浴科技有限公司

设计机构 / 佛山市安蒙建材科技有限公司

设计说明 / "轮回"系列以简约人性的设计、大气凝练的造型、革命性的理念突破与技术研发成就这一创意性的组合，诠释并倡导"轮回"这种可再生、可循环的未来用水方式，体现设计对环保等社会责任的引导。

外观灵感来源于工业管道造型，极简的设计风格，单把手单向冷热水调控革新了传统的方式。用水角度设计完美。模内转印技术处理的冷热温度指示界面便于识别，永不褪色。证件产品以简洁的造型，凝聚的功能配置组合最大化地减弱了生产工艺的复杂性，节约成本，易于生产，让优秀的设计作品更好地服务人类。

安全带安全防护气囊

生产企业 / 清远市亨健医用橡胶制品有限公司

设计机构 / 清远市亨健医用橡胶制品有限公司

设计说明 / 本项目产品是系在安全带上的一种充满气体的柔软的弹性体，保护或缓解胸部以致整个身体向前冲击造成的伤害。本产品由气囊体连接充气球构成，气囊体设有气囊扣，由弹性高分子材料制成，呈弓形或条块状，充气球连接有充放气阀。该安全防护气囊利用空气作填充物，可随意调节气囊的大小、厚薄（高矮度）、软硬度，便于携带、贮藏和调整柔软舒适度。

可折合脚轮轻便型运载车具

生产企业 / 阳江市顺和工业有限公司

设计机构 / 阳江市顺和工业有限公司

设计说明 / 可折合脚轮轻便型运载车具立项，将彻底打破传统平板车的笨重模式，同时也为低碳减排而做出巨大贡献。

由于传统的平板车脚轮不能收合，体积大，因此在存放、保管以及包装运输过程中占用了较大的空间，增加了包装及运输成本，也给存放和保管带来不便。针对传统平板车的劣势，我们反复研究试验，开发出承载量能力强、制造精度高、折合体积小、使用携带方便的新型平板车。该款平板车的研制推出，比传统平板车更有竞争力，并获得国内及国外多项专利。

9308 迈克博士高清液晶数码显微镜

工业设计 / 怡高集团

工程设计 / 怡高工程部

生产企业 / 怡高企业（中山）有限公司

设计机构 / 怡高工程部

设计说明 / 怡高集团最新研究开发的数码显微镜，画面质素极佳，操作简易，外形时尚富设计感，造型细致，集视听、玩乐、观察、学习于一身，数码显微镜附有 2.4 寸彩色液晶显示屏用于观察细微对象，不需要传统目镜辅助也能观察极细微部分，数码显微镜提供高像素由 50 倍至 650 倍（如配以数码调焦功能，倍数更可高达 1300 倍，此显微镜更可使用 USB 来接驳计算机用作研究植物、动物组织、纤维、酵母及霉菌等，使用计算机屏幕享受更清晰画面，令整个画像一目了然，同时亦可与其他同伴一起进行观察，分享乐趣。 数码显微镜内置数码相机及摄影镜头功能，容易撷取图片及进行摄影。

TCL TI60

工业设计 / 张 洋

工程设计 / 高 阳　梁小军

生产企业 / TCL 通讯科技控股有限公司

设计机构 / TCL 通讯科技控股有限公司第二创意中心工业设计部

设计说明 / 这款产品的市场定位主要的目标群体是喜欢互联网，追求品质、精美、细节的商务人士，以及喜欢通信、娱乐、办公融合一体的产品的人群。这类人追求无拘无束、便利的生活工作方式。他们非常需要这种具备强大互联网功能、超薄便携的 MID（移动互联网设备）产品，以满足他们随时随地的工作、娱乐要求。

便携式婴儿监护器

生产企业 / 东莞德英电子通讯设备有限公司

设计机构 / 东莞德英电子通讯设备有限公司

设计说明 / 这款婴儿监护器使用 2.4GHz 无线音频视频传输平台，直接传输到接收机上，让父母能够立即听到并看到婴儿的情况，传输的最大距离可达 100 米。真彩色液晶屏幕可高保真显示图像，四个频点可选，一台接收机可同时连接 3 台发射机。摄像头上有 6 个红外线灯，具有夜视监控功能，可兼作音频监护器和视频监护器，转换方便快捷。

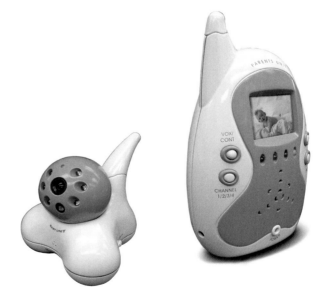

一种可自由扩展的组合柜

生产企业 / 珠海宜心家居有限公司
设计机构 / 珠海宜心家居有限公司

设计说明 / 该组合柜由若干个储物单元通过随意、自由的拼接组合而成，可简单、自然地展现主人对生活品质的需求。

本产品源于我公司"简于心、宜于形"的设计理念，储物单元由一后壁、四个侧壁围成具有一开口的储物空间，在所述四个侧壁上分别设有供所述连接件穿过的特殊设计连接孔。所述若干个储物单元优选为一体注塑成型且体积相等的立方体，除此之外还可以采用拼接成型的立方体，或者体积不完全相等的立方体和长方体。

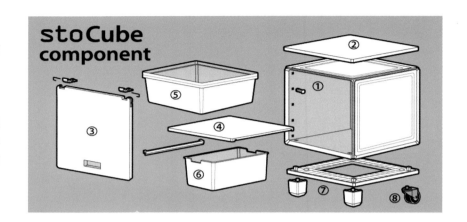

神舟七号舱外航天服表 Z070

工业设计 / 孙 磊　姚 斌
工程设计 / 陈恭谦
生产企业 / 深圳市飞亚达（集团）股份有限公司
设计机构 / 深圳市飞亚达（集团）股份有限公司

设计说明 / 神舟七号航天表是一款非常专业化的，在极特殊环境下使用的手表，是伴随人类挑战极限的手表，因此，该表除了要具备特殊的功能，还要具备航天过程中使用的便利性以及在太空环境下超强的稳定性，当然也要在满足这些条件的基础上最大限度地体现机械产品特殊的美感。

魅上海 4D 画册

生产企业 / 韶关科艺创意工业有限公司

设计机构 / 星光集团有限公司设计部　科艺创意自动化中心

设计说明 / 集立体、歌曲、灯光、香味为一体的全球首创 4D 画册, 体现了中国人的丰富想象力和文化创意, 展现了新一代企业的不凡创作能力。

Skyworth-E81

工业设计 / 陈志勇

生产企业 / 新创维电器 (深圳) 有限公司

设计机构 / 创维创新设计中心

设计说明 / Skyworth-E81 这款产品采用超薄 LED 背光液晶屏, 加上超薄电源和主板设计, 整体厚度比传统 CCFL (冷阴极荧光管) 背光液晶电视减少一半。正面采用亚克力材料面板, 触摸按键、遥控接收以及感光都隐藏在面板后面, 表面平整光洁。通过丝印在面板四边留有透明边, 可衬托出产品整体的轻盈时尚。喇叭网区域采用波纹的表面设计, 通过外形寓意将看不到的声音视觉化, 也增加了产品的趣味性。喇叭网中央用一片金属装饰片让整个产品看起来更有变化, 表面拉丝氧化处理让产品的细节更丰富, 品质感更强。

室外天线（UHF-262）

生产企业 / 普宁市源丰电器有限公司
设计机构 / 普宁市源丰电器有限公司

设计说明 / 室外天线（UHF-262）是为接收数字、模拟电视超高频信号而设计。与以往天线相比，具有低运输成本及安装简便快捷的优点。运输成本低是由于我们将反射网设计为两段，运输过程中就可以减少 45% 的运输体积，而安装只需两段相接，扣紧扣位即可，安装方便；而其另一个特点是由于我们摒弃了打螺丝的方式，采用弹片代替螺丝固定反射网及三根引向器，可以在 1 分钟内完成整个天线的安装。该天线拥有两项实用新型专利（专利号：200920237092.8/201020120373.X），并已同时申请国际专利（国际申请号：PCT/CN2010/07468，PCT/CN2010/072211），这两个独特的设计具有广泛的应用性，可以同时应用于大多数超高频段的室外天线。

该天线在今年的香港电子展、广交会、德国 ANGA 展等重要展会展出后，得到了广大新老客户的喜爱，产品不仅具有较高的性价比，而且也在技术上领先其他天线厂家，提高了我司在国际市场上的影响力，促进了天线产业发展和地方经济建设。

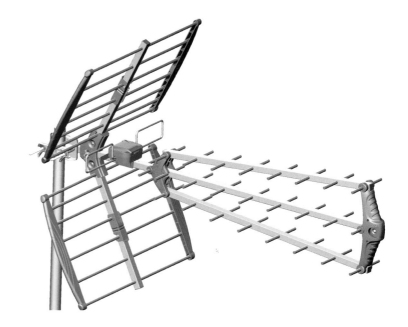

CRONOS 5511 光电能电波表

工业设计 / 邓　娟
工程设计 / 施　岳
生产企业 / 珠海罗西尼表业有限公司
设计机构 / 珠海罗西尼表业有限公司技术部

设计说明 / CRONOS 5511 是罗西尼最新推出的一款光电能电波表，采用国际先进、清洁环保的太阳能驱动系统，延续了罗西尼一贯秉持的精益求精的理念。时尚运动的外观：原色精钢表身搭配高科技电镀黑色上套，表耳精致的双层复式设计搭配原色光砂精钢表带，带有中国境内 24 个区域的大开面表盘，衬托高贵的太阳砂面底纹和带有夜光的表针及刻度，使整个表款看起来简洁、时尚、大方而又充满了未来科技感，表款还采用不易磨损的蓝宝石水晶表镜和高级双按蝴蝶扣，于细节处彰显罗西尼追求一丝不苟的品质要求。

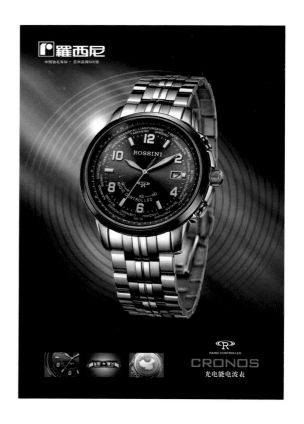

电气锅（电脑型）

生产企业 / 广东洛贝电子科技有限公司
设计机构 / 广东洛贝电子科技有限公司

设计说明 / 阿迪锅倡导的设计理念是一种对待人生的积极态度，一种健康的生活理念。自进入市场以来一直以"营养"为诉求点，致力于打造营养健康的饮食理念。新品的设计使人更易于把锅与营养联系在一起，更加突出消费者对营养的诉求。时尚是现今生活的主流元素，阿迪营养锅产品设计所融入的时尚元素更加体现了产品的高档、与时代契合的主题。塑造品牌，提升品位。阿迪锅的定位是高档、时尚、健康。它所带给消费者的是健康生活的理念。

米糊机

生产企业 / 广东洛贝电子科技有限公司
设计机构 / 广东洛贝电子科技有限公司

设计说明 / 产品差异化强、简单、灵活，符合现代人快节奏的生活方式；仿真水果色彩的运用，赋予产品更多营养元素的联想；设计简单，单键控制，并具有防溢报警功能；整体设计与现代厨房装修风格融为一体，突显消费者的生活品味。功能齐全，独有多媒体宝典功能，将单一产品多元化，使人机互动过程有趣丰富。附直观易懂的产品说明书，以及简单易学的营养搭配烹饪食谱。

多媒体油烟机

工业设计 / 李景行　陈耀权
工程设计 / 李景行　张其俊
生产企业 / 广州欧派家居集团有限公司
设计机构 / 广州欧派家居集团有限公司

设计说明 / 本产品是一款定位高端的多媒体侧吸式油烟机，可以进行视频、音频的播放，使厨房不再沉闷枯燥，更可以进行视频监控、电视接收等，让用户安享厨房娱乐。整体全不锈钢打造，结实耐用更便于打理。首创封闭式整流板，使油污无处藏身，清洁无死角。"冷凝分离"核心技术，使油烟冷却、凝结更为迅速和彻底，分离油烟更加高效；"优 + 易洁"设计，拆卸清洗更为便捷。

80 英尺豪华游艇（游艇 2300）

生产企业 / 珠海太阳鸟游艇制造有限公司
设计机构 / 珠海太阳鸟游艇制造有限公司

设计说明 / 本设计选择吉祥之物"凤凰"为原形，以飞翔形体为构图，将传统意义上船的设计夸张为鸟的羽毛与飞翔羽翼，繁杂的单件被简化为整件与多功能件、艺术件，船的固有设计理念被打破，加之对新型复合"镜面"材料的巧妙运用，简洁流畅的线条与流光溢彩的弧面相互融合，具有动感、光感以及和谐美感，使之极具视觉表达力。

云端漫步

工业设计 / 余德斌
生产企业 / 深圳市天顺和科技有限公司
设计机构 / 深圳市问鼎工业设计有限公司

设计说明 / 亭亭玉立的音响带着它独有的魅力陪伴着你，外形与功能的完美结合凝结了设计者的智慧。双腔共振的设计是经过设计者精密的计算，才使这小小的音响听起来是如此震撼。360 度的无损失传播更是体贴了爱音乐的你，让音乐在空间里流淌，无论你在做什么，都可以享受这心灵的音乐。

啤酒机 BCT-0518

工业设计 / 何　江
工程设计 / 杨志强
生产企业 / 中山东菱威力电器有限公司
设计机构 / 中山东菱威力电器研发中心

设计说明 / 外观简洁时尚，采用大面积不锈钢包边，配桶形黑色塑料。电子按键调温。罐装啤酒桶放置在机体内部，半导体制冷，氮气瓶接到酒桶出口，高压气体保鲜，啤酒口感更好。

此机器用于罐装燕麦黑啤，长时间 2-7 摄氏度冷藏，又不至于结冰。氮气保鲜。水龙头结构出酒，操作方便。啤酒机 BCT-0518 适用于酒吧、家庭、旅馆，同时也适合喜欢追求西式时尚生活的年轻人。

U116 笔记本电脑

工业设计 / 深圳市融一工业设计 ID 部
工程设计 / 深圳市融一工业设计 MD 部
生产企业 / 深圳市创智成科技股份有限公司
设计机构 / 深圳市融一工业设计有限公司

设计说明 / U116 笔记本电脑拥有 17 毫米的极限厚度，1.6 千克的超
轻机身。它采用酒红色的外壳，传达出优雅大方的独特视觉感受，与传
统的黑白相间的颜色对比，更能显示出这款机器独有的魅力。流畅灵
动的侧边曲线赋予人们无限的遐想空间。作为一款会被经常拿在手里
的超轻薄笔记本电脑，U116 独特的巧克力键盘，让你在使用的时候指
尖触碰每个键时犹如在绚丽的舞台上轻轻起舞，让你爱不释手！

加湿器

工业设计 / 张继兼
工程设计 / 刘清龙
生产企业 / 格力中山小家电制造公司
设计机构 / 格力电器家电技术研究院

设计说明 / 此款加湿器工艺特色由内及外，不仅拥有多方面的技术创
新，同时非常注重外观工艺细节，可以说是工业设计、精品制造与技
术创新的完美融合。它的外壳采用充满柔滑质感的 ABS（丙烯腈 - 丁
二烯 - 苯乙烯共聚物）材质，配以清新脱俗的印花设计，水箱采用黑
色时尚磨砂半透明工艺，机身上的装饰环及装饰条搭配时尚的银灰色。
做工的细腻将外壳的亮丽美观、持久耐用发挥到了极致，尽显加湿器
的高端品位与优雅风范的本色。

婴儿沐浴水温监测器

生产企业 / 东莞德英电子通讯设备有限公司
设计机构 / 东莞德英电子通讯设备有限公司

设计说明 / 该产品是为解决在给宝宝洗澡时不能很好地控制水温这个
问题所设计的。主要功能是在婴儿洗澡的时候检测水表面的温度，达
到控制水温的目的。考虑到宝宝在洗澡时注意力很不集中，喜欢乱动
这一因素，设计采用鱼为基本造型元素，搭配以海洋主题的色彩，增加
趣味性，让产品在实现测温的同时再起到一个伴侣的作用，让宝宝爱
上洗澡。

美的天系列全智能电饭煲

工业设计 / 美的电饭煲公司
生产企业 / 美的电饭煲公司
设计机构 / 柏飞特工业设计有限公司

设计说明 / 重锤打造，智能煲产品魅力形象，十六年磨一剑，志在天幕
独领风骚——美的天幕系列，推动行业升级换代！米饭营养更健康，
上盖操作更人性化。

智能化是电饭煲行业的必然趋势，市场前景巨大。预计智能煲快速
增长，国内市场三年内将达到 2 000 万台，销售额达 80 亿！市场的
需求促使了饭煲行业的创新与升级。我们的天系列就是在这个市
场拐点上孕育而生。创新的外观设计，简约大气的造型，更加方便
老人、孕妇的人性化上盖操作，甜化加热系统。天系列自上市以来得
到了消费者极大的肯定和好评，提升了美的电饭煲的产品高端形象。

UH121 型专业用高级立式钢琴

工业设计 / 潘启槟
生产企业 / 广州珠江钢琴集团股份有限公司
设计机构 / 珠江钢琴国家级技术中心

设计说明 / 恺撒堡 UH121 型立式钢琴是专门针对专业用钢琴制造的核心技术工艺（如音板木材处理、击弦共鸣系统结构设计和加工工艺、总装配整理工艺等）进行深层次的研究，自主研发的新品牌专业用高档钢琴，具有欧洲中高档钢琴的质量档次和艺术表现力。产品装配全过程采用国际顶级钢琴的装配工艺和加工标准，全音域层次清晰、均匀连贯，高音通透明亮、中音圆润、低音浑厚，富于歌唱性，弹奏触感均匀灵敏，控制自如，演奏效果更趋完美，是专业人士、高端用户首选的钢琴。

水果豆浆机

生产企业 / 广东新宝电器股份有限公司
设计机构 / 广东新宝电器股份有限公司

设计说明 / 新颖优雅的外观设计也是该产品的特点。整机外观设计成流线型，独具个性但并不张扬，就像一位优雅的贵妇守候在那里，易于与家居环境融合。透明的杯体能及时观察到制作状态，底座的金属外壳设计更显时代感，且易于清洁。设置于中间的水龙头设计，让用户使用时更直观、方便，是现代西式情趣生活的典范产品，深受年轻时尚消费群体及追求营养、健康的家庭欢迎。

该产品集多功能于一体，一键完成制作豆浆、花生奶、玉米汁或米糊等多种健康天然饮品，而且还可以做果汁、烧开水，基本满足家庭饮品需求。

针对卧室环境的电视组合

生产企业 / 广东长虹电子有限公司
设计机构 / 广东长虹电子有限公司

设计说明 / 概念基于对用户卧室产品的使用分析及"自然、艺术"的设计理念,设计灵感来自于自然界中水与梦想的结合。产品提供一套整合的卧室产品组合(电视机 + 音箱 + 无线发射器 + 遥控器)。电视机作为便携的显示终端,音箱作为灯光、色彩和声音的载体,而无线发射器将多种音视频信号转换为无线信号并传输给电视机和音箱。产品整体创造一种自由方便的使用方式,带来卧室视听的全新感受。造型迎合卧室舒适、温馨的氛围,系列化的设计理念,提取水流动的有机曲线作为设计元素,表现轻盈的质感,给人干净、舒适的视觉体验。

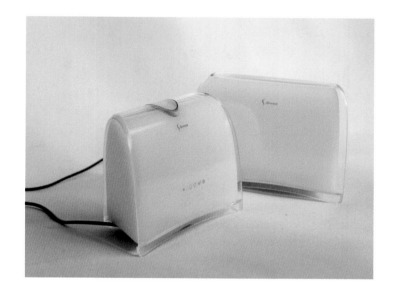

雅致落地式空调设计

生产企业 / TCL 空调器(中山)有限公司
设计机构 / TCL 空调器(中山)有限公司

设计说明 / 行业内独家采用触摸"唤醒"显示新技术,显示按键部分为了不破坏产品的整体画面风格,用创新技术选择了隐形触摸式的独创显示方式,强化了产品科技感和整体美感。国产行业内独家采用后进风结构,正侧面外观去除了影响美观的线条与格栅,突出了整体观赏价值。

行业内独家率先采用语音提示"导航"新功能,极大地方便了消费者操作,突出了人性化操作效果。

LED 探照灯

工业设计 / 广州市沅子工业产品设计有限公司
工程设计 / 广州市松乐电子科技有限公司
生产企业 / 广州市松乐电子科技有限公司
设计机构 / 广州市沅子工业产品设计有限公司

设计说明 / 本设计为一款 LED 探照灯，外形上打破市场单一普通的造型设计，以夸张的 X 型贯穿整个产品的设计中，凸显其独特。宽大的把手位，给用户带来更舒适的使用体验。自上市以来，深受广大消费者喜爱。该产品主要适用于煤矿巷道峒室及采集工作面的照明。

该款探照灯采用 LED 发光二极管为光源。主要特点有：节电，亮度高，LED 灯节能效果明显，与同亮度的白炽灯相比节能 80% 左右，10W LED 灯亮度相当于 60 ~ 80W 老式巷道灯。寿命长——由于采用 LED 光源，使用寿命长达 5 万小时，终身不需要更换光源，解决了需要频繁更换光源的问题。安全性能好——由于 LED 灯工作温度低，灯具结构合理，隔爆、抗冲击、密封性能高，故井下使用安全性能好，且使用重量轻的可充电新型锂电池为能源，杜绝了更多的安全隐患。

"无油无滤"无网吸油烟机

工业设计 / 许国栋
工程设计 / 灵目工业设计
生产企业 / 万家乐燃气具有限公司
设计机构 / 灵目工业设计

设计说明 / 在欧式开放式厨房空间内，使用中国式烹饪产生最大的问题，就是油烟排放。该产品利用空气引射原理应用在烟道上，产生的风幕隔离油烟的同时增了内部油烟的上吸引力，最后通过分离烟及油道系统，完成整个抽油烟的过程，解决了开放式厨房中的油烟问题。新的结构与吸油烟方式，使烟机的外观与清洁带来了革命性的变化。在开放式厨房中，挂上轻厨烟机，让厨房的空间与油烟清除效果上都提升了一个台阶。

玻璃千帕锅

工程设计 / 王永光
生产企业 / 佛山市顺德区光明融汇家用器具开发有限公司
设计机构 / 合理工业设计有限公司

设计说明 / 采用玻璃材质作内锅，可有效地改善食物容器的材质，减少烹饪过程中的不良影响，改善食物口感，操作简化，煮食快速、高效。具有耐酸、碱，耐腐蚀的特点，高温时，容器内食物不易传味，易清洗。 特别适宜中药汤剂的煎煮。 消费者在使用过程中，通过透明锅可观察食物烹饪的过程与效果，是个非常好的互动体验。便捷、多功能、节能、营养的特性是现代烹饪用具的发展趋势。千帕锅是结合了压力锅和电饭锅的优点，能快速、安全、节能环保、自动实现多种烹调方式，集多种器具的功能于一身。

卧室无线电视

工业设计 / 李　强
生产企业 / 广东长虹电子有限公司
设计机构 / 广东长虹电子有限公司

设计说明 / 全套产品外观设计采用比较柔和的色彩和圆润的线条，从视觉上希望给使用者带来温馨、舒适、自由的视觉感受。透明的外壳设计也给人一种清新、自然的心理感受。该系列设计想要达到的目的，是希望从视觉、听觉、触觉、体验四个方面去关心用户。

长虹引涧水龙头

工业设计 / 张浙丰

工程设计 / 张浙丰

生产企业 / 鹤山市洁丽实业有限公司

设计机构 / GICCEPO（吉士普）

设计说明 / 犹如初月出云，长虹饮涧，在人类文明建筑史上拱桥正体现了人类颇具想象的创造力。构建通畅和谐的人文社会，正是人类永不放弃的使命和愿望。而桥梁的文化，涵影深刻，正如它那独具风格的圆桥拱，厚重的桥身，大弧流畅的桥背，架阳刚与阴柔于一体，共处和谐、得体，共存依靠，同时还体现了力学与美学的和谐规律。

这款作品在体态上采用简约的弧线，巧妙勾勒出它独特的外观和丰富的桥梁神韵。在使用角度和出水角度上也综合、充分考虑。共架沟通，共处和谐，正是设计师表达的寓意。

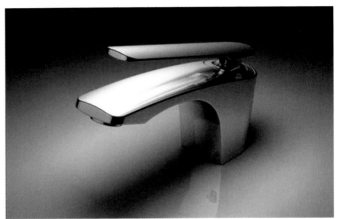

超薄型电子秤

工业设计 / 李炳蔚

工程设计 / 李炳蔚

生产企业 / 新会康宇测控仪器仪表工程有限公司

设计机构 / 新会康宇测控仪器仪表工程有限公司

设计说明 / 超薄型电子秤是新会康宇测控仪器仪表工程有限公司自主设计开发的计重新产品，产品尺寸 98mm×68mm×10 mm，用户可以置于自己口袋中随身携带，因此被俗称为口袋秤。超薄型电子秤具有外观精巧、称量准确、性能稳定可靠、质价比高等特点，适应于多个行业，比如黄金珠宝商场、实验室、邮局、药材店等，是理想的高精度称量器具。

优良设计奖 Excellence Award

水晶气氛灯

生产企业 / 深圳金旺田科技有限公司
设计机构 / 佛山市顺德基石工业设计研发有限公司

设计说明 / 这是一款原创的声控气氛灯，同时兼具夜灯功能，尤其是夜间起床时可以用声音直接控制灯的开关。这款灯具整体造型是由北滘镇政府标志拉伸而成，其改变了传统标志的平面形象，通过产品将其从二维展示拓展到三维空间。灯体底部隐藏 LED 灯组，由于壳体采用品质似水晶般通透精纯的亚克力材料制成，光线经由透明灯体在顶部发光，夜间可将标志形象投射到天花板，隐约勾勒出一个"滘"字，水流一样的线条无限延伸。这款灯具引入声控技术，打开开关后可直接用掌声控制灯光颜色的变化，使用者可根据心情选择红、橙、黄、绿、青、蓝、紫、白 8 种不同灯光颜色调节卧室气氛，增加卧室情调。

纯唯特自动售水机

生产企业 / 台山市纯唯特环保设备科技有限公司
设计机构 / 台山市纯唯特环保设备科技有限公司

设计说明 / 纯唯特带多媒体播放的自动售水机是集反渗透纯净水过滤、紫外线杀菌、多媒体播放及隐蔽式出水口为一体的智能终端自助售（饮）水设备。产品在造型方面，整体的造型为规则的方形，通过几何圆形的过渡，在整体规则造型的基础上穿插弧形特征，突出了圆的设计风格，同时表达出一种复古的潮流，但又很难找出与古典风格相联系的要素。通过其产品造型的渲染，一方面突出其功能价值，另一方面营造出一种有爱、清纯的氛围。

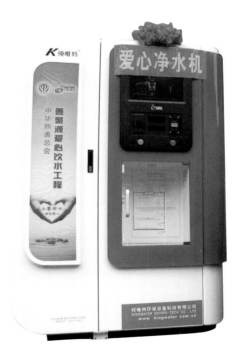

蝉翼 Skyworth-E16

工业设计 / 郭　媛
生产企业 / 新创维电器（深圳）有限公司
设计机构 / 创维创新设计中心

设计说明 / Skyworth-E16 是一款针对卧室设计的绿色节能、健康环保的低碳型电视。整机创先采用一体化创新设计，全球首创将模组金属板与电视后壳整合，最大程度上减少金属器件的使用，采用不含铅、汞等有害物质的环保部件。全新模组一体化设计及低碳型制造生产过程，有效减少了 CO_2 排放量，并经过 Intertek（天祥）环保认证及 Carbon Trust(碳信托) 低碳节能认证。

Skyworth-E16 整机一体化创新设计使得机身最薄处为 1.33 cm。设计上采用了影音分离的音响方式，不仅使电视的主体更加轻薄也增大了音响的放置空间。薄如蝉翼的设计理念和健康环保的低碳设计，带您走进低碳新生活，使您拥有与众不同的感官享受。

冷风扇 AC200-Q

工业设计 / 梁松豪
工程设计 / 雷建国
生产企业 / 美的集团有限公司
设计机构 / 美的集团有限公司

设计说明 / 独一无二的创新转叶式广角送风设计，改变千篇一律的方形栅格出风形式，将冷风扇与转叶完美结合，革新性地改善了普通冷风扇送风范围小的缺点，满足了消费者的迫切需求。

一键切换至最适当的工作状态，瞬间让消费者获得最舒适的享受。在水箱中增加过滤网，过滤水中杂质，达到杀菌效果并能有效过滤空气中的甲醛等有害气体。还有空气过滤功能，在滤芯上增加活性炭或银子杀菌材料，进一步净化空气，吹出健康舒适的冷风。

"光彩" 速热电热水器

工程设计 / 黄　昭
生产企业 / 万家乐燃气具有限公司
设计机构 / 灵目工业设计

设计说明 / 此款电热水器采用电热水器行业领先的速热技术，快速出热水，体积更小！同时以艺术化的外观设计，以及超乎想象的人性化智能操作，让您觉得耳目一新，在外观设计上主要着重于以下几点：
韵（神韵）：采用多款可换面板设计，带你体验不同的韵味，同时满足不同使用环境及消费群体的需求。
智（人性化）：智能温度显示，剩余热水量光带提示，人性关怀，尤其是金属拉丝面板搭配智能光带，让家里的卫浴空间颇具现代科技气息。
形（形态）：整体外观小巧，造型饱满，控制区域与面板采用分色处理，层次鲜明。

SMART 网络定制小冰箱

工业设计 / 梁海川　林栋联
工程设计 / 灵目工业设计
生产企业 / 浙江杭州金松电器
设计机构 / 美的集团有限公司灵目工业设计

设计说明 / 一种全新、个性化、时尚的小冰箱。整体模块化设计，主箱体通用化，设计有各种组合配件，用户可以通过网络选择不同的配件，进行 DIY 配置。营造活泼的家居气息，外观采用环保材料，用曲线艺术构造把手，诠释 SMART 的时尚 DIY。

可视蒸汽熨斗

生产企业 / 广东新宝电器股份有限公司
设计机构 / 广东新宝电器股份有限公司

设计说明 / 通过对现有电熨斗进行用户体验研究,分析总结人们在熨烫衣物时遇到的问题:发现人们碍于熨斗底板下面的视觉盲点,无法及时观察到该底板熨烫范围内的情况,以致经常熨烫出皱纹或错位的情况,特别是处理一些衣领和扣子周围等细节部位,甚至熨烫骨线的时候不能确定是否对准压线,导致反复熨烫修改,不胜烦恼。此产品主要通过设计透明底板的蒸汽电熨斗,解决用户在熨烫衣物的过程中,由于无法及时观察到底板而勉强摸索熨烫所带来的不便以及心理障碍,有效地避免皱褶或斜边;并可及时更正熨烫出错,提高熨烫效率;特别是方便处理一些设计为皱折花边的衣物(如百褶裙)。同时,产品还具有蒸汽功能,大大提高了产品的熨烫效率。

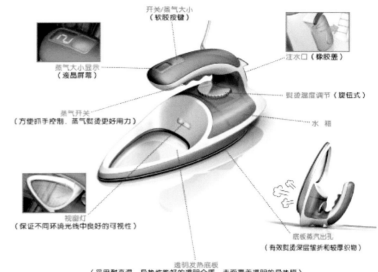

NDY18-10C 对衡式取暖器

工业设计 / 邓李刚
工程设计 / 温嘉彬
生产企业 / 美的集团有限公司
设计机构 / 美的集团有限公司

设计说明 / 本产品以中国古典"卷轴"为设计理念,配色以高贵、大气的金色、黄色和黑色为主题,同时配以靓丽印花,使产品中国风和时尚感十足。本产品突破了以往发热膜对衡式产品设计呆板、色彩单调、缺乏创新的现状,在取暖器行业中独树一帜,令人耳目一新。很好地提升了美的取暖器的品牌形象。

本款产品具有以下创新点:中国古典"卷轴"设计,行业领先;电子触摸控制,智能恒温,行业领先;独立加湿,行业首创;可冲洗加湿盒,行业首创。

NTH20-10C 暖风机

工业设计 / 邓李刚
工程设计 / 李干华
生产企业 / 美的集团有限公司
设计机构 / 佛山市顺德区古今工业设计有限公司

设计说明 / 本项目旨在开发一款创新型快速发热暖风机产品,创新性使用 MCH 新型发热体,为行业首创。MCH 发热体具有升温快速、热效率高、环保节能等优点。通过本款产品及后续延伸产品的开发,将使美的暖风机更具竞争优势,并引领暖风机行业的发展,成为快速发热暖风机竞争规则的制定者。

家用嵌入式电蒸箱

生产企业 / 中山佳威路家用电器有限公司
设计机构 / 中山佳威路家用电器有限公司

设计说明 / 佳威路电蒸箱对容器具有不受限制,无辐射的特点,可以实现"蒸、炖、消毒"等多种烹调方式。根据需要设置 50 ~ 100℃恒温, 100℃的水蒸气能将多余的脂肪从畜禽肉中分离出来,减少脂肪摄入量;对蛋白质有软化作用,有利于肠胃消化吸收;最大程度减少对营养素的破坏,保持食品的原汁原味,体会鲜、香、嫩、滑的口感,是符合现代人对健康饮食的追求。

MAMBA 机场消防车

工业设计 / 东莞市永强汽车制造有限公司
生产企业 / 东莞市永强汽车制造有限公司
设计机构 / 永强专用汽车研究院

设计说明 / 机场消防车是专门用于处理飞机火灾和突发事故并及时实施救援，可在行驶中喷射灭火剂的专用汽车。

MAMBA 整车结构采用模块化设计的三段式布局，车头为驾驶室，中段为水罐室、泡沫室和工具室，后段为提供动力的发动机室。

HT125-M 两轮摩托车

生产企业 / 江门市迪豪摩托车有限公司
设计机构 / 江门市迪豪摩托车有限公司技术研发部

设计说明 / 此车在原有太子型的基础上进行了全面的改版，体现个性化以及人文精神，简洁中透着高雅，现代流行中渗透着复古的风格，以新颖、大方、明亮、豪华为主。前大灯改变以前是圆形或是方形的设计风格，独特的设计给人一种新颖的视觉；前后转向灯采用子弹头的设计风格，完美中透着性感；加长型后尾灯与 LED 装置，体现前位、时尚的美感，夜间行驶更加安全可靠；分体式的仪表，体现着个性，又突出整体的美感，给人一种遐想的空间；下排气管造型豪华，个性张扬，简洁实用，前碟后鼓安全、舒适、实用。轮圈采用新型的设计，简洁中透露着刚强；后扶手按欧美流行风格设计，明快而简洁。新型的外观设计，凸显个性化的设计理念；意大利设计风格，更加动感、时尚！

比亚迪 E6 纯电动轿车

生产企业 / 深圳市比亚迪汽车有限公司
设计机构 / 深圳市比亚迪汽车有限公司

设计说明 / E6 为一款新能源、新动力、纯电动轿车，是比亚迪着力打造的环保产品。车身为承载式车身，纵梁为前后贯通式，动力电池包与车身有机地融为一体，充分保证电池和整车的安全；电池为比亚迪核心技术，采用铁电池，电动力总成及其控制为比亚迪核心技术，动力总成采用 75KW 电机。

E6 将电池技术与整车技术完美融合，真正意义上地实现了零排放、无污染，在能源紧缺、温室效应日益加重的环境下，更加凸显 E6 的环保节能。当今世界能源紧缺，面对二氧化碳排放增多和环境污染严重等问题，相比于传统燃油车的大量使用，E6 纯电动轿车的研发，解决了这些问题。

比亚迪 K9 纯电动低地板客车

生产企业 / 深圳市比亚迪汽车有限公司
设计机构 / 深圳市比亚迪汽车有限公司

设计说明 / 车造型在外形上体现出"绿色、环保"主题，欧式风格，前后保险杠与车身设计成一体结构以增加整体感，再配一对组合成型前大灯，使前围更简洁。车身造型设计充分体现"绿色、环保、科技"主题，超大面积前风挡及侧窗玻璃、独具一格的车顶装饰护板、形状独特的前后组合灯具、灰黑加银白的油漆色彩等，诸多科技与时尚要素有机结合，风格清新，具有强烈的视觉冲击力。真正超低地板加上三乘客门结构，配以宽敞、舒适、现代、极具人性化的车内装饰，乘用功能十分卓越。

便携式高清扫描仪

生产企业 / 河源市新天彩科技有限公司
设计机构 / 天彩集团研发工程中心

设计说明 / 本产品可以在各种场合作为扫描工具使用。它可将报纸、杂志、书籍、笔记、发票、合同、素描、证明书、规划图、地图、设计图纸等按需求扫描记录成文件，供阅览或打印。鉴于其功能特点，适应人群非常广泛，例如：商务人员、工程师、会计师、学生、记者、老师、律师、政府公务人员等，该产品市场竞争力强大，市场前景广阔。

折叠手柄锅

生产企业 / 广东凌丰集团股份有限公司
设计机构 / 广东凌丰集团股份有限公司

设计说明 / 随着人们生活水平的不断提高，生活用品也不断增多，厨房空间就似乎变得越来越小了。锅具是厨房的主角，怎样能在不影响使用功能的情况下更好地利用空间，折叠手柄锅这款产品就很好地解决了这一点，单手操作，不影响产品使用功能，当使用时按下按钮转动手柄，当转动到与锅身垂直角度时就会听到"啪"的一声，说明手柄被锁紧，这时我们就可以安全使用锅具不会发生危险，当要存放时再按下按钮转动手柄，当手柄贴近锅身时就会听到"啪"的一声，说明手柄已锁紧，这样存放起来就会节省很多空间；同样在使用洗碗机和消毒碗柜时也更加方便；还有很重要的一点就是能很大限度地降低产品的运输成本，经过计算，相同大小的折叠手柄锅具和普通锅具在装入同样 13.3 米的货柜（装柜立方数为 57 ~ 59 立方）时能节省约百分之四十的空间，特别对出口来说相当有利。

五年埕藏石湾玉冰烧酒瓶

生产企业 / 广东石湾酒厂有限公司

设计机构 / 广东石湾酒厂有限公司

设计说明 / 本产品整体为透明玻璃体，瓶体上的纹样、造型和瓶盖的造型是设计要点。本瓶是用于存放中档产品石湾玉冰烧的，配合该酒档次和酒色微黄的特点，要求酒瓶有"洋气"，彻底改变米酒旧有形象，在设计的时候特意选用透明、折射率高的玻璃材质，给人一种干净、时尚的感觉。在瓶身加上圆形和三角形组成的菱形纹样，除增加了层次感，还加强其折射效果，使其更通透。瓶盖设计配合人的手部曲线便于使用者打开。

CU4013 小便器

生产企业 / 佛山市家家卫浴有限公司

设计机构 / 佛山市家家卫浴有限公司

设计说明 / CU4013 小便器凸现出坚强、自信的强者风范。刚劲有力的线条，疏朗的形体，强烈的质感，完美的细节，造就了一个经典。其冲水孔呈弧形分布，增大了同等水量的清洗面积，清洗时，水流如同小桥流水般缓缓 而下，别有一番朴实之美。产品质量稳定，防污抗菌釉面光洁，易维护。

2012

第六届"省长杯"获奖作品

比赛流程
Competition Process

2012

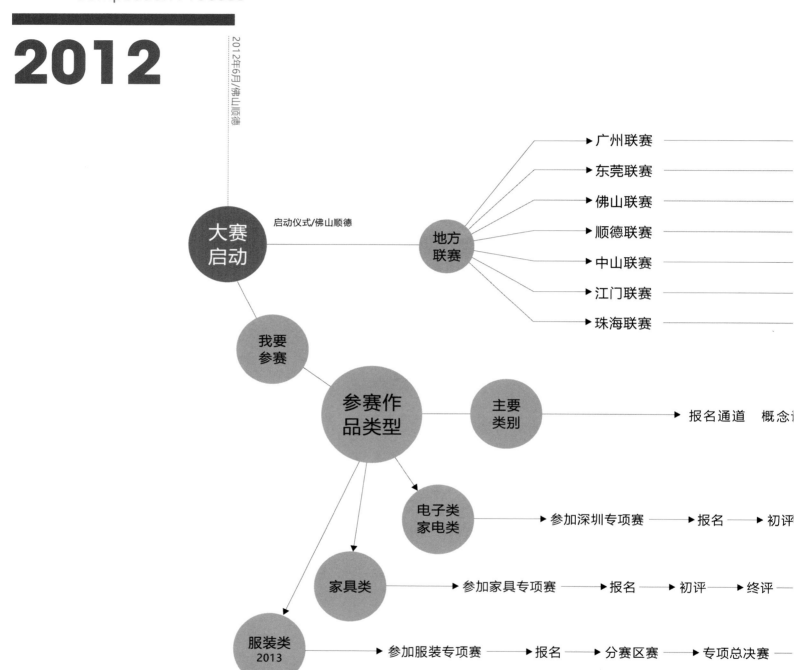

启动仪式/佛山顺德

大赛启动

地方联赛

广州联赛

东莞联赛

佛山联赛

顺德联赛

中山联赛

江门联赛

珠海联赛

我要参赛

参赛作品类型

主要类别

报名通道　概念设

电子类家电类 → 参加深圳专项赛 → 报名 → 初评

家具类 → 参加家具专项赛 → 报名 → 初评 → 终评

服装类 2013 → 参加服装专项赛 → 报名 → 分赛区赛 → 专项总决赛

2012 第六届"省长杯"
竞赛评委（专业评审委员会常任委员）
童慧明　汤重熹　杨向东　丁长胜　方　海　李德志
辛向阳　石振宁　余少言　张建民　周红石　肖　宁

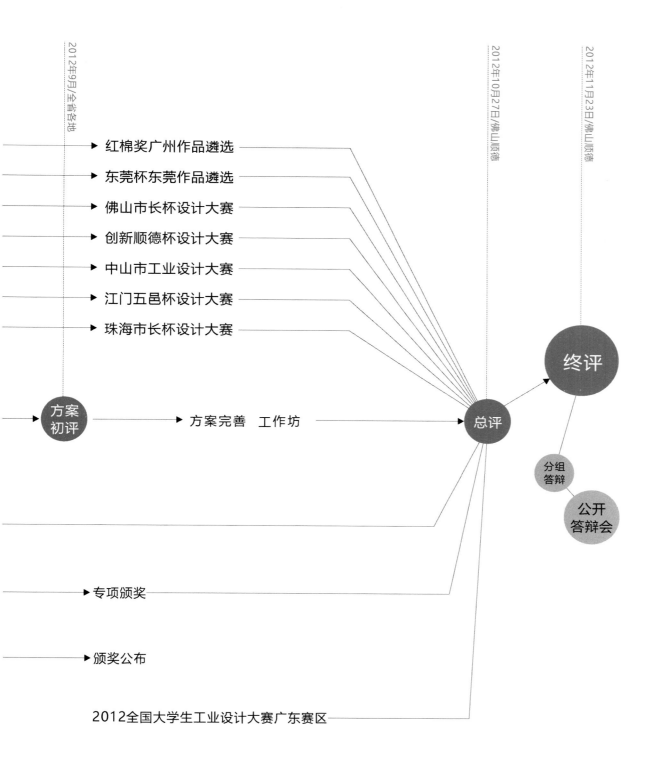

2012年9月/全省各地

2012年10月27日/佛山顺德

2012年11月23日/佛山顺德

红棉奖广州作品遴选

东莞杯东莞作品遴选

佛山市长杯设计大赛

创新顺德杯设计大赛

中山市工业设计大赛

江门五邑杯设计大赛

珠海市长杯设计大赛

方案初评

方案完善　工作坊

总评

终评

分组答辩

公开答辩会

专项颁奖

颁奖公布

2012全国大学生工业设计大赛广东赛区

本届综述及奖项
Review and Awards

2012

新设计 · 新广货 · 新生活
——第六届"省长杯"大赛回顾

　　曾几何时，"广货"作为广东的"品牌形象代言人"，让全国人民通过广东产品憧憬美好生活的同时，开始了解广东，信任"广东制造"的品质。当时间来到2012年，随着中国改革开放步伐的加快和人民生活水平的普遍提高，广货如果还停留在"从无到有"和"质量可靠"的初级阶段，我们无疑会受到来自国内外的严峻挑战。

　　"制造大省"的声名已经形成，"山寨"和"模仿"正是广东品牌亟须改变的一种状态——这不亚于一场革命。手段是什么？设计创新能否担当起产业创新的使命？能否如"德国制造"那样被赋予更多的内涵，真正打上"优良"的印记？

　　"新设计 • 新广货 • 新生活"—— 第六届"省长杯"工业设计大赛希望以设计创新的力量，提振广东的产品，提振广东的品牌，提振广东的精神，为全国乃至全世界的用户创造出更加美好的生活。这个竞赛主

2012年8月27日起，由学术界和产业界工业设计专家共同构成的大赛专业评审委员会正式成立，广东省省经济和信息化委员会（以下简称"省经信委"）副主任蔡勇在聘任仪式上为评委会专家颁发评委证书。

评委们在评审中讨论参赛作品是否符合参赛条件。

评委们在总评评审现场浏览作品。

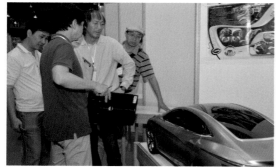

评委们在总评评审现场讨论作品。

题是各级政府、产业界、设计界和消费者的共同呼声。

基于这样的愿景，也为了推动实现大赛自身的创新与发展，为设计打造一个高水平的平台，鼓励和挖掘广东具领军能力的创新设计人才，大赛在形式、内容、机制等方面进行了一系列变革。

"联赛"形式第一次引入"省长杯"，原来各自独立的全国高校工业设计大赛广东赛区、东莞杯国际工业设计大赛、顺德创新工业设计大赛、江门LED照明创新设计大赛和部分地市计划开展的"市长杯"大赛等，作为"省长杯"大赛的有机组成部分——地方联赛；"家具专项""服装专项"以及地方行业组织有积极意愿承办的其他专业设计赛事，也与"省长杯"相融合成为大赛的有机组成部分——专项联赛。通过整合竞赛品牌与资源，调动了地方参赛积极性，地方联赛、专项赛与综合赛事互动，在全省各地实现了大赛更为广泛的参与。

同时，大赛采用国际通行的分类征集标准，设立16个选题方向，基本涵盖了广东优势产业和新兴产业的工业设计创新方向。大赛评审机制中，也首次引入行业专家与工业设计权威一道组建专业评审机构，评审标准既重视结构性的创新，也强调设计过程的科学合理，更对获奖作品提出了推动产业进步、引领行业发展和促进社会和谐发展的要求。

2012年5月24日，广东省府办公厅正式印发第六届"省长杯"工业设计大赛及工业设计周活动工作方案的通知。推动大赛新发展、促进"广货"新提升、打造设计新平台和培养创新型设计人才，成为本届大赛的宗旨。

2012年6月15日，广东省第六届"省长杯"工业设计大赛作品征集开始，标志着本届大赛正式启动。各地"联赛"和各地市征集工作相应展开，由省家具协会具体承办的"省长杯"家具专项赛也同步启动。

本届大赛除主体"综合"赛事外，所涉及的全省大学生工业设计大赛，涉及的广州、汕头、佛山、东莞、江门、顺德等地的地方联赛，涉及的深圳有关单位承办的家电与视听、电脑与通讯，和由省家具协会承办的家具与用品，由顺德区伦教珠宝首饰协会承办的个性与饰品等各类专项赛，共征集符合条件的参赛作品达7660件（项）。2012年8月27日起，由学术界和产业界工业设计专家共同构成的大赛专业评审委员会正式成立，并对上述综合赛的参赛概念作品进行了为期两天的初步评审。省经信委副主任蔡勇、技改处处长许晓雄等主办方领导观摩了评审工作，并在聘任仪式上为评委会专家颁发评委证书。

2012 年 10 月 24 日至 27 日，大赛综合赛概念设计评审以及由全省高校工业设计大赛、各地方联赛、各专项赛经遴选推荐的 240 件参赛作品，齐聚广东工业设计城进行第六届"省长杯"工业设计大赛总评。童慧明等大赛评委会成员和经抽签确认在大赛专家库产生的各类专家，分别以小组形式对参赛作品的成果展板、设计报告书、实物模型或功能样机展开设计过程和设计成果的审查、评价。其中，80 项参赛作品获得了参加合组答辩和合组评分的资格。

按照评审规则，上述 80 项参赛作品将获得本届大赛的奖项，但依 80 项参赛作品合组评分顺序，得分最高的前 12 项参赛作品还将通过"公开答辩会"的形式决出大赛最为重要的 12 个奖项 —— 1 个一等奖、3 个二等奖、6 个三等奖。2012 年 11 月 23 日，12 个得分最高的参赛作品呈一字型排布在顺德华美达酒店国际会议厅，"第六届'省长杯'工业设计大赛总评公开答辩会"和"新设计·新广货·新生活"的主题词在前后两块背景墙上，简洁而醒目。会议厅外部的廊道里，造型独特的展架上，12 个参赛团队和他们各自的主创设计师的大幅照片，似乎预示着这里将会有一场激烈的角逐。来自大赛主办方、承办方、支持单位、联赛和专项赛承办单位、企业和设计机构的代表们、新闻媒体和 12 个参赛团队，将在这里见证本届大赛优秀作品的展出、陈述、演示、答辩和判分，以及主要奖项诞生的全过程。

"这是你的家，你不再需要去我们 500 多家门店事无巨细地咨询售货员，你只需坐在家里，从网上我们海量的家具库中自助选择款式自行设计，订单生成后将自动传送到厂商进行定制及拣货配送，一切只需点击鼠标即可完成。"广州尚品宅配家居用品

左上：总评公开答辩会现场，省人社厅副厅长张凤岐致辞。
左下：广汽集团造型设计总师张帆在答辩现场陈述团队设计作品。
中上：答辩选手在陈述设计作品与企业和市场需求的对接。
中下：总评公开答辩会上评委的提问专业而尖锐。
右上：在大赛总评答辩结束后，省经信委副主任蔡勇代表主办方向所有支持广东工业设计事业发展的人士致谢。
右下：出席总评公开答辩会的部分设计师、评委和有关单位领导。

2012年12月6日，以第六届"省长杯"工业设计大赛为主要内容的第六届广东工业设计活动周暨广东工业设计展在广州保利世贸博览馆盛大开幕。

有限公司的主创设计师李连柱兴奋地向在场的评委和观众介绍这一被称为"用设计说话的商业模式"，他说："说白了，就是在云端完成设计定制，再在线下完成生产、配送和安装——我们的门店没有售货员，只有专业设计顾问，而消费者自己就是设计师！"

空巢老人和幼龄儿童独自在家怎么办？KIBOT智能机器人帮你搞定。这款约30厘米高的机器人搭配了一张智能化的"脸"——触摸感应显示屏，当小孩和老人独自在家时，机器人的智能陪伴系统可跟他们进行简单对话，减少独处时的孤独与不安，同时还可通过前置摄像头跟父母或子女视频通话，实现远程联系。"除此之外，智能机器人内置多媒体助学软件及远程监护系统，配载了时间管理系统，通过设置日常生活规划和提醒，帮助小孩训练自理能力。这个产品实现量产指日可待。"华南工业设计院主创设计师汤彧陈述。

从家具到家电，从视听产品到交通工具，在答辩会上，12件设计作品的设计师们各显神通，引得现场观众惊叹连连。而评委们则用沉稳严谨、犀利的专业问题，像一支支箭射向作品产生的背景、使用情境和商业的定位、设计过程的逻辑、技术和资源整合的可能性。应该说，各个参赛团队都做了充分的准备，设计师们沉着淡定，以专业的精神向评委和观众呈现了一场在视觉上、听觉上、体验上和思维上的出色的盛宴。

如果说尚品宅配是以"用设计说话的商业模式"为我们展现了产品大规模定制的未来图景，展示了跨入信息时代工业设计内涵、外延的拓展与变化，广汽集团则以一部概念汽车的设计，为我们展开了对未来移动生活的憧憬。A级新能源概念汽

车的主创设计师张帆曾作为奔驰公司的第一位华人"终身设计师"，能深刻洞悉未来交通工具发展的趋向和潮流，他本人的专业素养和他所在团队的设计作品，能迅速把握评委们的关注点和抓住现场观众的兴奋点。广汽传祺，和尚品宅配一样，作为"广货"品牌的新成员，完美诠释了"新广货"的理念——创新，再创新。

不少在现场的专业人士都认为，近几届"省长杯"好作品层出不穷，正是广东经济转型升级的最好印证。大赛主办方、省经信委主任杨建初认为，日、韩等国通过大力推动工业设计，经济发展实现新的质变。广东产业发展到现在这个阶段，工业设计也会有力助推经济发展方式的转变。本届"省长杯"的目标是推动大赛成果的产业化，这既符合省委省政府的决策部署，与广东打造现代产业500强的要求紧密结合起来，也与推动广东经济、社会科学发展紧密结合。这种理念贯穿于大赛的发动、实施、评奖的各个环节，特别是在鼓励设计机构、设计师与制造企业的项目对接与最终成果的孵化方面。此外，率先在全国开展了国家认可的工业设计职业资格评定工作，率先在全国建立了工业设计成果评价制度，率先在全国以省区共建方式建设广东工业设计城，率先在全国出台省级政府发展设计产业的政策意见，广东在推动工业设计发展方面取得显著成绩。

这一成就为广东制造插上了新的羽翼，"广货"的内涵不断演变，从最初的"珠江水、广东粮"，到"粤建材、岭南服"，再到"粤家电、粤IT"，到近几年的"粤汽车、粤装备"，产业和产品层次不断提高。与传统"广货"相比，"新广货"市场空间大，成长性和带动能力强，未来能够发展成为广东的主导产品，代表广东产业发展特色。

此外，"省长杯"优良工业设计奖部分，总评共收到来自广州、深圳、中山、珠海、佛山、顺德区、东莞、汕头、江门、惠州、云浮、潮州、梅州各地推荐的761件产品，涉及电子信息、家用电器、家居用品、医疗保健、运动休闲、办公用品、儿童用品、轻便交通运输工具等类别，主要由省内企业和专业设计机构申报。童慧明等15位专家参加了评审工作，共评选产生了8项"省长杯"优良工业设计奖大奖和49件"省长杯"优良工业设计奖。

2012年12月6日，以第六届"省长杯"工业设计大赛为主要内容的第六届广东工业设计活动周暨广东工业设计展在广州保利世贸博览馆盛大开幕。刘志庚副省长等领导出席开幕式。

10 000平方米的展场布置得大气而又充满细节，"省长杯"展区用色彩和立体构成分割出了产品的不同奖项和不同类别，拔得头筹的广汽传祺 A 级新能源概念车格外引人注目。"设计·点"主题展区引进视觉中国锐店数百件原创设计师品牌产品，"国际设计奖"主题展区则引进了美国星火设计奖 SPARK 当年的全球获奖产品。"设计走廊"主题展区，以巨幅联动式的立体展板，展现了粤港澳设计走廊的兴起、现状、发展和前景，展现了走廊各个节点城市的设计风采。"中国厨房与中国客厅"主题展区集合了我省"中国厨房"产业设计联盟基础研究和专题竞赛的部分成果，集合了本届"省长杯"大赛"家具专项赛"的家具和软装参赛作品。"交互设计体验"展区除了提供了大量高技术含量的数码科技临场体验外，还特设了一个活动区，为专业人士和现场观众的参与和互动提供便利。

省长杯家具专项赛展区。

省长杯获奖作品展区。

12月6日下午，时任中共中央政治局委员、原广东省省委书记汪洋，原广东省省委副书记、省长朱小丹在省委常委、原秘书长林木声和主办方省经信委赖天生书记的陪同下，来到了广东工业设计展的现场。一件件展品设计新颖，构思独特，充满了想象力和创造力，吸引了汪洋、朱小丹的目光。听到设计师介绍本届"省长杯"一等奖的概念车，它采用新能源电力驱动，融合了轿车的大方气派与跑车的激情奔放，用现代设计塑造绿色节能理念，汪洋兴奋地打开车门，坐上驾驶座亲身体验。"新能源汽车是汽车产业未来发展的方向。设计师们通过创意设计让新能源汽车进一步小型化、轻便化、节能化，必将促进新能源汽车推广。"汪洋说道。

广东工业设计活动周开幕前夕，省政府领导会见部分获奖设计师代表。

自动旋压倒水锅也引起了汪洋、朱小丹的注意。由广东凌丰集团设计的自动旋压装置使原来的压力锅产品售价从原来的20美元提高到现在的80美元。"这是通过工业设计提高附加值、提高广货竞争力的好例子。"汪洋说，面对激烈的市场竞争，设计创新带来的高附加值将大大增强产品竞争力。企业要有高回报，就要"卖知识"，不要"卖汗水"。参观中，汪洋还特别强调，工业设计是广东建设世界先进制

广汽集团总经理和传祺造型设计总师在向媒体介绍一部汽车的造型是如何被设计出来的。

造业基地和现代服务业基地的重要支撑，是转型升级的重要抓手。对提高产品附加值而言，工业设计比上新项目或进行技术改造见效更快。当前，广东工业设计已经取得丰硕成果，但仍处于起步阶段，大有潜力可挖，可以大有作为。要充分发挥广东工业设计的先发优势，促进广东从靠拼劳动力、做代工转变成依托知识做自主设计、高附加值的产品，实现从制造业大省向制造业强省的转变。

在汪洋等领导参观广东工业设计展后的两天，也就是2012年12 月9 日，中共中央总书记、国家主席习近平在汪洋的陪同下，视察广东工业设计城，在这里提出了"在已有800 名设计师的基础上进一步聚集8000 名设计师"、促进工业设计发展的殷切希望。

第六届广东工业设计活动周除了广东工业设计展外，还举行了一系列相关活动，包括主场的"产品设计与体验论坛""2012中国互联网产品大会暨工作坊""媒体设计体验日活动"，同期在广东工业设计城举办的"设计产业年会""广东、香港、台湾两岸三地合作研讨会暨设计论坛""设计学院院长与著名企业家对话""清华大学学术活动月北滘论坛暨设计工作坊""中美设计商务会议"，后期在佛山顺德举行的"中美设计高尔夫赛"和"'省长杯'获奖作品案例分享会暨颁奖仪式"等。

上图：广东工业设计活动周期间，展览现场举行了丰富多彩的各类专业设计活动。
下图：2012中国互联网产品大会在展览现场举办了论坛、会议、工作坊等多种形式的活动。

左上：在广东、香港、台湾两岸三地设计论坛上，来自我国香港地区飞利浦设计的青年设计师李剑叶和我省青年设计师张帆、我国台湾地区的青年设计师张汉宁同台演讲。
左中：朱焘、赵卫国等中国工业设计协会领导出席了工业设计活动周的有关活动。
左下：香港理工大学设计学院副院长李德志教授在活动周论坛担任点评嘉宾。

右上：广东、香港、台湾设计合作研讨会后，我省代表与来自香港设计中心、台湾创新中心的代表合影留念。
右中：在广东工业设计活动周期间，《走进设计城》一书正式出版发行。
右下：第六届"省长杯"大赛获奖设计作品分享会暨颁奖仪式。

附录：

广东省第六届"省长杯"工业设计大赛暨广东工业设计活动周组织机构

主办单位：广东省经济和信息化委员会

支持单位：广东省教育厅　广东省科技厅　广东省财政厅　广东省人力资源社会保障厅
　　　　　广东省文化厅　广东省广电局　广东省知识产权局　广东省港澳办
　　　　　广东省总工会　团省委　广东省妇联

承办单位：广东省工业设计协会　广东工业设计城　广东省职业技能鉴定指导中心

组委会名单：

主　　任：刘志庚

副主任：林　英　杨建初

成　　员：蔡　勇　魏中林　龚国平　危金峰　张凤岐　程　扬　郄小斌　朱万昌
　　　　　金　萍　陈宗文　陈小锋　杨建珍

组委会办公室设在广东省经济和信息化委，承担具体工作的是技术改造投资处（成员：
许晓雄、陈焕护、陈文泉、李雪飞、蓝艾青、姚瑞婷、黎扬钢、张　鹏）

B00062 广汽 A 级新能源概念车

主创设计 / 张 帆

设计团队 / 李柳东 张 云 田晓阳 李超毅 李 宁
　　　　　贺传熙 卢卓宇 谭凤琴 樊 毅

参赛单位 / 广汽研究院概念与造型设计中心

设计说明 / 广汽 A 级新能源概念车是一款针对都市年轻消费群体，应用增程式新能源技术驱动四门四座的轿车。在外型设计中，它融合了轿车的大方、气派和跑车的激情奔放。车身造型设计的灵感源于猎豹，整部车呈现一种向前奔跃的姿态，车身比例在广汽自主研发 A 级平台的规格下，特别加强了车体后部的体量感，塑造出独特的轮廓特征，车体塑造以"光影雕塑"为设计理念，前后两段式的"佐罗线"，彰显车身的修长和流畅的趋势，并强调前后车门中间的力量感。

用设计说话的商业模式

主创设计 / 李连柱

设计团队 / 周淑毅　付建平　李嘉聪

参赛单位 / 广州尚品宅配家居用品有限公司

设计说明 / 此套空间家具方案设计专门为二十平方米左右的单间公寓用户使用，以"小空间，大世界"作为设计理念，以"人性、实用、舒适"作为设计本质，充分体现家居设计对人文的关怀，巧妙地提高了空间的使用率，解决家具空间的综合布局。给用户的起居、生活、工作、用餐、休闲等空间区域创造实用又高品质的居家环境。

板式设计体现原木设计味道，人性需要的定制，设计手法及创作理念为行业注入更新的血液，赋予空间全新的设计语言。以现代人生活方式为设计理念，提高人们的生活水平和质量。

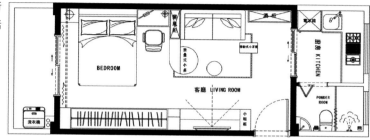

Ergp Quest 自由办公椅

主创设计 / 敖 链
设计团队 / 陈 锋 覃柱斌
参赛单位 / 佛山市米朗工业设计公司

设计说明 / 本产品采用自由办公、健康灵动的设计理念，模拟人体脊椎的运动方式，使椅背自动贴合腰背，解决人体坐姿疲劳、腰酸、背痛的问题和实现轻松、自由、健康的办公。

椅座升降

椅座滑动

椅背倾仰

牙科种植系统设计

主创设计 / 王　庞

设计团队 / 胡　辉　汪　斌　高明歌

参赛单位 / 广东工业设计培训学院

设计说明 / 牙科种植系统要求人—机器—环境系统是一个稳定安全、高效的综合体，在这个系统中要求机械环境适合人的需要。 其椅位的升降、仰卧甚至头靠角度的调整，均用电动调节，病人的治疗体位从坐位变为卧位，既可使病人感到舒适，也方便了医生操作。医生克服了强迫体位，减轻了劳动强度。在这个系统上，我们精简其设备使其操作更加简洁容易操作；在牙科设备的控制方面，采用多重电脑程序控制系统。

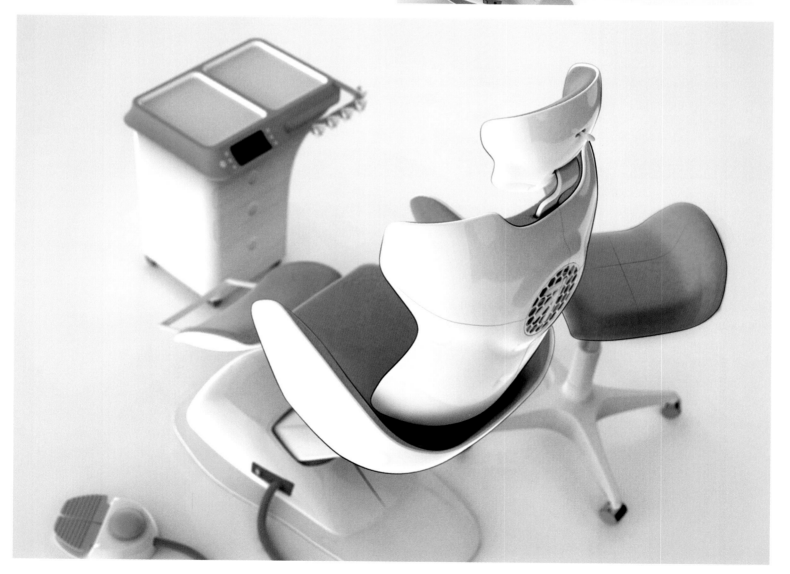

智能关怀机器人 Kibot

主创设计 / 汤　彧
设计团队 / 陈小南　刘　畅　吴国杰　张　广　黎　云　何伟坚　李子泓
　　　　　黎崇恩　何倩琪　师　宏　徐娅丹
参赛单位 / 广东华南工业设计院

设计说明 / Kibot 是一款针对独自被留家中的儿童所开发设计的智能关
怀机器人，Kibot 可以直接和孩子进行简单的对话互动，也能陪伴孩
子玩耍，消除孩子的孤独感与不安感；同时孩子可以通过 Kibot 与父
母通讯联系、视频对话，更加便利。

Kibot 很好地将智能陪伴、时间管理、多媒体助学、远程监护4大系统
有机整合，涵盖了孩子生活学习的方方面面，为给孩子营造一个良性
的、安全的、积极的生活环境提供了强大的助力。

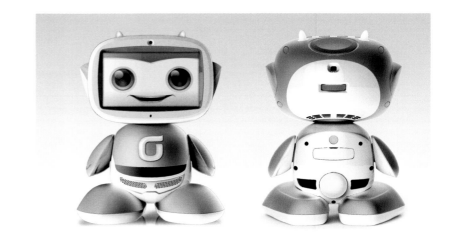

智能交互照明系统

主创设计 / 郭　涵
设计团队 / 李腾平　陈品鑫　朱　举　亦　熙　蒋伟明　林学敏　张以滕
参赛单位 / 华南农业大学

设计说明 / 该产品旨在改变人与灯具之间传统的互动方式，缩短产品与
用户之间的距离，让生活不可或缺的物件成为人类的伙伴。通过控制
人与灯具之间的距离，犹如变魔术般改变灯具的明暗，轻松定制个人
专属的氛围，装点人生中每一个浪漫的时刻。

产品灵感源自于有机形态和金属的质感，象征人对大自然的想念之情
却又无法时常亲近的困惑。

书写宝 T 系列 LED 台灯

主创设计 / 郭胜荣

参赛单位 / 佛山市顺德嘉兰图设计有限公司

设计说明 / 本产品的设计旨在使用户操作方便，更加节能。由于该产品使用的独特材料和技术，所以发光均匀，亦可对使用该产品的学生起到保护视力的作用。该款产品设计简洁高雅，节能省电，在行业中的发展趋势可观，亦能造福大众。

奇纬大屏幕背投一体机

主创设计 / 陈日辉

参赛单位 / 广东奇纬科技有限公司

设计说明 / 大屏幕背投一体机是围绕"智能调光膜"显像用途的应用，是结合光学技术产生全高清、无尺寸限制的超大型液晶显示屏幕的一种产品。它以其适用性和易用性广泛应用在学校、家庭以及酒店、宾馆、歌厅、商场等休闲场所，将逐渐成为现代化市场的主流。

而它所具有的广告终端显示信息、使用查询、电视实时播放、娱乐购物等功能更创造了一片新的商业蓝海。

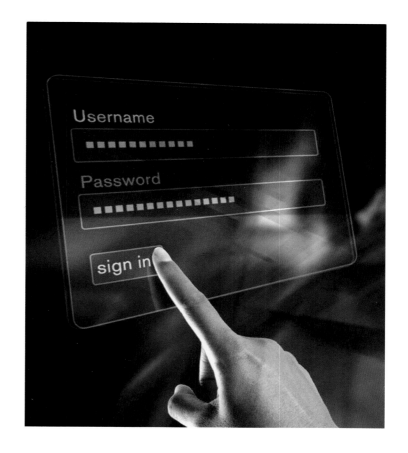

超声成像检测仪

主创设计 / 陈图森
设计团队 / 林伟杰
参赛单位 / 汕头市超声仪器研究所有限公司

设计说明 / 具有模块化设计，一机多能的特点。相同的计算机平台不需要客户重复购买，而客户根据其不同的应用功能需要购买不同的模块，减少客户的成本。通过更换模块，不仅要能实现相控阵、Tofd（超声波衍射时差法）及传统超声检测，还要根据实际检测的需求，进行相控阵加 Tofd、相控阵加传统超声组合检测。

强大的软件平台。根据需要选择相应的探伤仿真软件，模拟现场检测状态，使得检测过程更直观，检测结果更精确。

无线通信（WIFI）功能，使得检测数据能迅速通过网络传送，远离检测现场的专家团队也能即时地分析讨论检测数据。

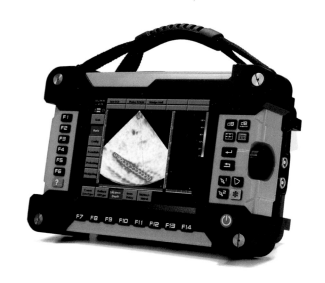

新型农业喷雾器

主创设计 / 余盛保
设计团队 / 刘诗锋　陈熙荣　翁纯强　陈　亮
参赛单位 / 佛山顺德东方麦田工业设计有限公司

设计说明 / 在现有喷雾器的基础上融入可折叠收纳的金属承重构件，使用者更易于背起水箱，让农民在额定工作时间内更省力、更高效，提高农业效率。同时巩固了把手的结构，让把手在农民倒水的时候起到一个支撑点的作用，提高农民工作效率。

数码显微镜

主创设计 / 胡亚星

设计团队 / 聂其林　唐一刚

参赛单位 / 深圳意谷设计有限公司

设计说明 / 数码显微镜又叫视频显微镜，它是将显微镜看到的实物通过数模转换，使其成像在显微镜自带的屏幕上或计算机上。数码显微镜是将精锐的光学显微镜技术、先进的光电转换技术、液晶屏幕技术完美地结合在一起而开发研制成功的一项高科技产品。从而，我们可以将微观领域的研究从传统的普通的双眼观察到通过显示器上再现，从而提高了工作效率。

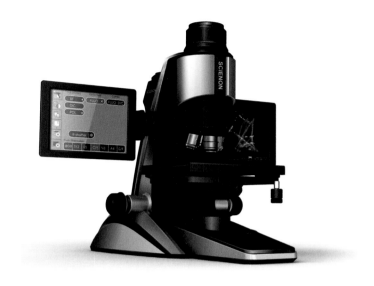

SY150-9（锐士王）

主创设计 / 朱　云

设计团队 / 李榕炘　刘应威

参赛单位 / 广州三雅摩托车有限公司

设计说明 / 整车外观造型流畅时尚，线条犀利，处处彰显动感气息，贴画设计走在潮流的最前线，仪表设计科学时尚。车身规格比例设计专为国人量身打造，将机械重心和整车造型完美结合，操控自如。人机工程坐垫更贴合人体，使骑乘者在任何状态下都能感受到健康舒适。

蓝牙音箱

主创设计 / 吴　田

设计团队 / 孔洪强　刘书龙　翁学东　朱道樟　王　勇

参赛单位 / 深圳市麦锡工业产品策划有限公司

设计说明 / 这款设计灵感来源于小时候关于夏天的回忆。一群会因为一个装满透明玻璃瓶的萤火虫开心的小孩，沿着回忆的影子探索。也许我们并不需要改变得太多，只是想听从一下内心的声音。用手机通过蓝牙发射音频讯号到这个蓝牙音箱，夏天的傍晚我们散步在户外，享受这一份惬意。

海能达警用智能终端

主创设计 / 耿少伟

参赛单位 / 海能达通信股份有限公司

设计说明 / 警用智能终端具有以下特色：

1. 高可靠性。防水、防尘、防跌落，全天候应对警察执勤时的各种环境和使用状况。

2. 功能可扩展。扩展槽可外接不同的功能模块，不同的警种可以应用不同的扩展功能。

3. 专网保密通信与公网高速数据传输结合。采用海能达牵头制定的国内数字警用集群标准——PDT，以及4G LTE 高速无线宽带技术，极大地延伸了公安干警的业务开展，并且把通信和管理紧密结合。

太阳能灭蚊垃圾桶

主创设计 / 江　欣
设计团队 / 刘圣龙　甘　辉
参赛单位 / 佛山顺德基石工业设计研发有限公司

设计说明 / 垃圾桶虽然作为城市必不可少的重要公共设施，但因其易损坏、保养不善、垃圾清理不及时等因素，往往成为影响城市美观的主要元凶。太阳能灭蚊垃圾桶为原创设计，具有低碳、环保、节能、杀虫灭蚊、指示照明、普及垃圾分类知识等特点。在外观上，本产品创意巧妙、造型美观、结构合理，与城市环境做到了完美的匹配，提升了整个城市的气质。

蒸发式加湿对流电扇设计

主创设计 / 刘　怀
设计团队 / 蔡素玲
参赛单位 / 佛山市赛尚设计有限公司

设计说明 / 本款电扇设计结合了电扇的一些基本用途，当电扇打开时，你可以选择是用普通吹风，还是用室内空气对流功能。在这两种模式下，都可以完美地实现加湿空气的作用。区别于其他加湿电扇的不同之处在于，本款电扇采用自然蒸发式加湿而不是采用超声波的方式，在环保方面更为出色，降低了对电能的消耗，同样愿地球更加美好。

Smart Cooker 智能电磁饭煲

主创设计 / 梁深科

设计团队 / 周士伟

参赛单位 / 广东美的生活电器有限公司

设计说明 / 各种厨房电器有各自的加热单元，造成浪费。通过重新设计把它们都整合在一起，这既方便消费者使用，又环保。模块化设计能共用部分的加热零件，实现节约、环保的目的，同时还能节约使用空间。以后还能扩展出更多的电器模块，消费者根据自己需要购置所需的功能模块。

老年人沐浴系统设计

主创设计 / 赵　璧

设计团队 / 肖　羽　杨　旸　许素婷　冯永强　陈锦溢、
　　　　　冯启迪　陈云蛟　陈林裕

参赛单位 / 广东工业大学

设计说明 / 主要针对老人在沐浴过程中因疾病或身体机能的弱化而产生的一系列局限性及潜在安全隐患展开系统研究，使老人，特别是空巢老人的生活品质与安全性有较大的提升。

运用新的设计手段，将影响洗浴体验的脉冲喷水系统、按摩辅助系统、空气自动调节系统、安全预警系统、智能反馈系统整体展开设计，让老人更加方便、安全、舒适地享受沐浴过程。

生命"十"字——事故应急救生站

主创设计 / 林文杰
设计团队 / 卢刚亮　赵　林　赵文迪　肖永林　曾群文
参赛单位 / 佛山市顺德区宏翼工业设计有限公司

设计说明 / 本设计有四大部分，即：灯头、支撑杆、急救箱及地面紧固件。四部分都为螺栓、套接方式连接为一个整体；其中急救箱为核心设计部位，内部分功能隔区和报警系统。

目前在城市重要交通路口都会安装交通灯系统，但恰恰这些地段却是交通事故频发的地点，往往事发后，受伤、受困人员得不到及时的救助，而能就近提供事故救助的交通灯就显得非常有必要。此"生命'十'字"救生交通灯设计可能会成为未来交通灯系统的标准配置，极具社会价值和市场前景。

新型散热结构 LED 球泡光源

主创设计 / 梁锐锋
设计团队 / 谭永安
参赛单位 / 中山市尚尚设计咨询有限公司

设计说明 / 导热快，散热均匀，合理的结构，模块化设计，有序散热大光角度；芯片结构合理，形成有效的光效互补；有效的成本控制，降低模具复杂程度和大小，降低加工难度；高功率，选用优质芯片，采用最新贴片技术；人性化使用，减少散热的烫手问题；降低芯片损坏更换的难易度问题和视觉美观问题；降低装配难度。

广绣 · 花城礼品设计

主创设计 / 丁　敏

设计团队 / 潘燕斐　黄志文　潘焕君　陈智开　余月兰

参赛单位 / 广州美术学院

设计说明 / 我们尝试以市花"红棉"为主体艺术形象,结合城市新建筑和标志物。传统广式刺绣为表现"平齐光亮"的艺术效果,采用未加捻的真丝绒线,因此绣品具有较高的艺术观赏价值,但因绒线易抽丝、不耐磨、难清洗而无法应用在生活用品中。本设计将在根本上解决这一实用性问题,使传统广绣能够"活用"到生活产品中。

本设计以礼品(广州手信)为主要的市场依托,挖掘广州的地方传统文化精髓,盘点珠三角地区的广绣生产资源,利用城市的优势设计力量,打造时尚、别致而又不失传统优雅的广绣礼品品牌。

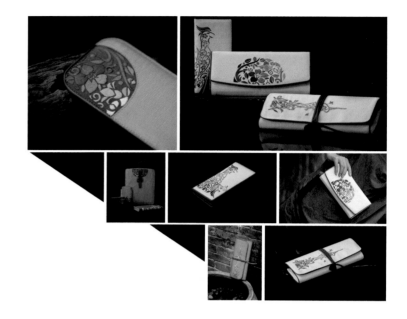

旅行箱附属产品设计

主创设计 / 黄　骁

设计团队 / 王杰球　莫绮玲　黄健宏　廖颖君
　　　　　翁茂堂　黄锦沛　彭国润

参赛单位 / 江门市丽明珠箱包皮具有限公司

设计说明 / 附属的简易板凳解决了候车歇息时没有座位的问题;行李分区内袋的设计解决了行李混乱不易翻找的问题;外翻式插袋的设计可以临时存放水杯、书籍等小件物品,使旅途中的用户安逸自在。

视频会议终端 MCV2000 MINI

主创设计 / 贾思源
参赛单位 / 深圳市上善工业设计有限公司

设计说明 / 视频会议终端 MCV2000 MINI 是现代信息和通信产品的一大创新,其特点是打破会议设备传统、机械、烦琐的形象,化繁为简,给人耳目一新、亲和的体验,超薄设计轻便大方,携带容易,更节省桌面空间。高密度的集成电路系统相对省去了以往产品复杂的组装连接过程,可以轻松接入远程视频会议;静音对流导热设计有效释放产品热量,节能省电,更能保持产品使用的持久性。最少的模具设计,让用户只需最少的投入便可进行大规模视频会议,可回收材料的应用有效减少对环境的污染,较为成熟的塑胶注塑喷涂工艺技术,使其整体更加美观大方。

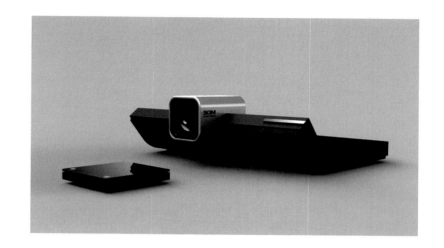

基于城市轨道交通的同城物流服务系统设计

主创设计 / 赵　璧
设计团队 / 陈云蛟　冯启迪　陈林裕　杨　旸　肖　羽
　　　　　陈小溪　冯永强　许素婷　陈锦溢
参赛单位 / 广东工业大学艺术设计学院

设计说明 / 该设计旨在建立一个更加高效、便捷的同城物流服务模式,在城市中人流聚集的地方设置自助式物流终端机,借以城市轨道交通网络将寄件送至目标终端,该系统设计运用集成创新的思想,在物流需求与同城轨道交通运输之间找到契合点,让人们享受便利的同时,更提高了城市的运作效率。

"芯"空气

主创设计 / 刘诗峰
参赛单位 / 佛山顺德东方麦田工业设计有限公司

设计说明 /

1. 大面积高压静电除尘滤网，使用时，机身左侧拉出，使用后的滤网用水冲洗晾干即可。
2. 纳米光催化总成，固定于机身，UV（紫外线）灯若有损耗，更换即可，该滤网自动再生，无须更换清洗。
3. 变频直流电机，低能耗、安静、高能效。

可视化智慧城市照明系统

主创设计 / 汤 彧
设计团队 / 陈小南　刘　畅　吴国杰　郑银童　张　广　黎　云
　　　　　 何伟坚　李子泓　何倩琪　师　宏　徐娅丹
参赛单位 / 广东华南工业设计院

设计说明 / 以智慧城市照明系统（Eco Life）来解决传统路灯照明系统存在的问题，应用物联网科技实现智慧的管理，减少路灯照明中不必要的浪费，营造安全、舒适的照明环境，并以此扩大幸福效应，建立一个可视化的平台，让市民参与其中，提升市民的幸福感。

便捷消毒筷子筒

主创设计 / 文振威
参赛单位 / 佛山青鸟工业设计有限公司

设计说明 / 体积与常大排档的筷子筒相当，所占空间不大，适合用在快餐店与大排档等场所，方便使用。在功能上不单单是筷子筒，里面装有紫外线消毒与小型烘干器，底下也配有装筷子水滴的水槽。电源上则采用 USB 接口充电。使用时将洗好的筷子直接放进去，按按钮，几分钟即可完成工作。方便快捷，容易实现。

风能发热烘箱设备

主创设计 / 刘东坚
设计团队 / 刘焕荣　罗秦隆　钟远飞　敖志明　李思颖　钟智达
　　　　　谢鲁冰　陈安展　李夏漫　魏庆典　陈巨乔
参赛单位 / 广东华南工业设计院

设计说明 / 随着全社会对环境的保护意识越来越强，原有的燃煤等高耗能、高污染的干燥设备已不符合当今社会发展的趋势。寻找一种安全、环保、节能的干燥设备显得越来越紧迫，风能发热烘箱在这种环境下应运而生。风能发热烘箱是利用风机鼓风形成具有一定压力的空气流，在特制的管道中极速流动。这种具有冲击势能的空气流与周围静止的金属管道壁发生碰撞、摩擦，部分风能转化为热能，并随着气流在封闭的管道环境中不断循环，温度不断升高。风能发热烘箱是一种节能效果明显，并且安全无污染的新型烘箱产品。

LED 智慧交通指示系统

主创设计 / 余　宇
参与团队 / 钱　俊　谢嘉毅　曾燕强　李　熹
　　　　　杨克华　黄龙灼　曲京涛
参赛单位 / 广东华南工业设计院

"天人合一" 新能源模块化候车亭

主创设计 / 王金广
参与团队 / 王舟洋　王正洋　陈子瞻　禄　璟
　　　　　陈雪芹　黄　敏　俞红鹰　伍友刚
参赛单位 / 广东工业大学艺术设计学院工业设计系

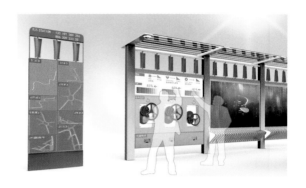

便携式音响

主创设计 / 吴　田
参与团队 / 孔洪强　刘书龙　翁学东　朱道樟　王　勇
参赛单位 / 深圳市麦锡工业产品策划有限公司

商业数字对讲机

主创设计 / 申　超
参与团队 / 耿少伟
参赛单位 / 海能达通信股份有限公司

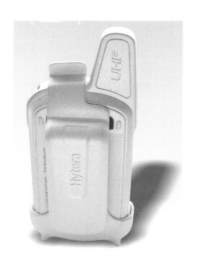

Iceberg 冰山

主创设计 / 肖彦林

参赛单位 / 中兴通讯股份有限公司

平板电脑绘画指套

主创设计 / 何智雄

参与团队 / 黄 冠　陈盛霞

参赛单位 / 新宝电器股份有限公司

非接触型手掌静脉识别门禁系统

主创设计 / 黎锐垣

参与团队 / 向智钊　刘恩华　许庆伦

参赛单位 / 南海创达工业设计有限公司

台式全自动红酒酒塞开启器

主创设计 / 朱 伟

参与团队 / 郑 韶　饶建明

参赛单位 / 珠海市科力通电器有限公司

长虹 OLED 老人电话机

主创设计 / 李 强

参与团队 / 洪维桐　姚 智　于文庆

参赛单位 / 四川长虹电器股份有限公司

菜板刀具消毒机

主创设计 / 冼勇安

参与团队 / 黎泳妍　谢志纯　孔世龙

参赛单位 / 佛山市顺德区古今工业设计有限公司

环保纸屏风

主创设计 / 陈书琴

参与团队 / 刘永飞

参赛单位 / 仲恺农业工程学院艺术设计学院工业设计系

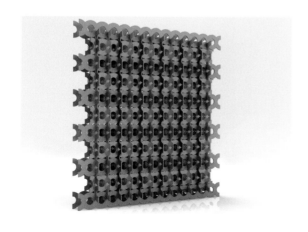

"便民" 旋转拖把

主创设计 / 罗德华

参与团队 / 李润权

参赛单位 / 佛山科学技术学院

自闭式节水便器装置

主创设计 / 虞吉伟

参与团队 / 吴泽坤 谢彦音 朱少钿 陈奕鹏 李智生

参赛单位 / 广东恒洁卫浴有限公司

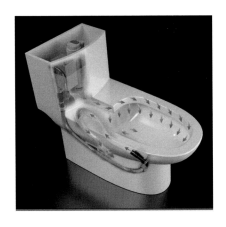

"惊鹿"水龙头

主创设计 / 李文武

参与团队 / 陈永航

参赛单位 / 五邑大学

LED 蝴蝶型导轨灯

主创设计 / 吴育林

参赛单位 / 佛山市凯西欧灯饰有限公司

舞台灯光控制平台系统设计

主创设计 / 王耀民

参与团队 / 梁 永 梁 信

参赛单位 / 广州易用设计有限公司

文明烧烤系列

主创设计 / 伍结梅

参与团队 / 梁星海　周 文　何志谦　谢燕泽　蔡均锴　胡嘉俊

参赛单位 / 佛山市顺德区潜龙工业设计有限公司

企业转型的工业设计模式
案例 2——产品系统型设计模式

主创设计 / 王习之

参与团队 / 刘 杰　王振明　万 昕　黄 旋　苏文渊　陈 生
　　　　　李丹青　谭启发　陆盛晞　周杏莹

参赛单位 / 广东华南工业设计院　南方设计事务所

斯巴克胆机——玛雅

主创设计 / 陈兴博

参赛单位 / 深圳市嘉兰图设计有限公司

渔歌唱晚

主创设计 / 姚秋丽

参赛单位 / 广东联邦家私集团

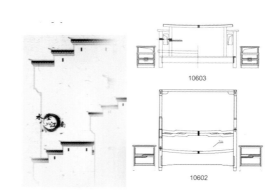

10603

10602

飞翔

主创设计 / 王志浩

参赛单位 / 深圳长江家具有限公司

蜂巢

主创设计 / 陈　鹏

参与团队 / 罗棋中

参赛单位 / 深圳市左右家私有限公司

360°旋转茶几

主创设计 / 黄元晖

参与团队 / 张　玉

参赛单位 / 深圳职业技术学院

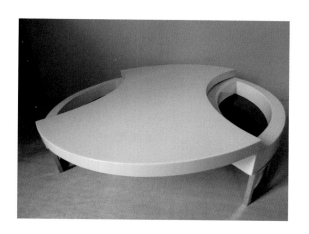

华丽邂逅

主创设计 / 陈　琳

参赛单位 / 顺德职业技术学院

OPAD 酒柜

主创设计 / 许锦标
参赛单位 / 优越豪庭家具有限公司

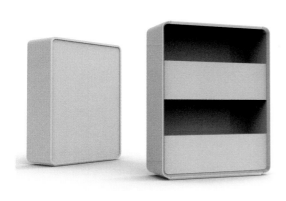

脉

主创设计 / 梁玉花
参赛单位 / 万辉珠宝有限公司

闪寻

主创设计 / 马　昕
参与团队 / 陈永航　钟泽成
参赛单位 / 江门市艾迪赞工业设计有限公司　五邑大学

中国古旧家具皮艺创新设计

主创设计 / 罗世文
参与团队 / 陈励文
参赛单位 / 江门万胜皮制品有限公司

时尚现代的双开式便捷垃圾桶

主创设计 / 张德才
参赛单位 / 江门市安豪贸易有限公司

智能触控面盆龙头

主创设计 / 郭柏照
参与团队 / 罗可强　陈杰辉
参赛单位 / 开平斯柏高卫浴有限公司

"包袱"旅行箱

主创设计 / 黄　骁
参与团队 / 黄健宏　王杰球　黄锦沛
参赛单位 / 江门市丽明珠箱包皮具有限公司

全地形安全轮胎（静音通用型）

主创设计 / 袁金国
参与团队 / 钟文健　全解生
参赛单位 / 佛山市雷德克尔创意科技有限公司

大功率 LED 路灯

主创设计 / 冯坚强

参与团队 / 林启鹏　陈耀忠　刘　涛　欧阳令军
　　　　　焦丽华　唐志华　吴鸿斌

参赛单位 / 佛山市大明照明电器有限公司

LED 分体式灯泡

主创设计 / 吴育林

参赛单位 / 佛山市凯西欧灯饰有限公司

"幸福摩天轮"
家庭植物自动种植机

主创设计 / 老柏强

参赛单位 / 佛山市顺德区古今工业设计有限公司

冷暖坐垫机

主创设计 / 朱春莲

参赛单位 / 顺德职业技术学院

璀璨之光

主创设计 / 朱创艺

参与团队 / 刘诗锋

参赛单位 / 灵目工业设计有限公司

面膜打印机

主创设计 / 谢燕泽

参与团队 / 周　文　何志谦　伍结梅　蔡钧锴

参赛单位 / 佛山市顺德区潜龙工业设计有限公司

顺流而下

主创设计 / 辛　亚

参与团队 / 梁建业

参赛单位 / 佛山市青鸟工业设计有限公司

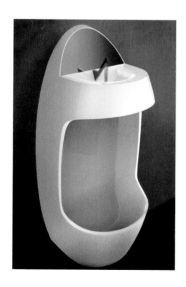

骑行族拍档

主创设计 / 王世军

参赛单位 / 电子科技大学中山学院

轻量化节能电动汽车

主创设计 / 宗志坚
参与团队 / 刘　强　高　群　朱昊正　黄心深　伍文艳
　　　　　林涌周　熊会元　林海峰　郭　科
　　　　　Koos Eissen　Elmer D. Van Grondelle
参赛单位 / 东莞中山大学研究院

急救用彩色多普勒超声诊断系统

主创设计 / 林伟杰
参与团队 / 余炎雄　许奕瀚　陈图森　李　斌　林武平
　　　　　周桂荣　郭境峰　蔡泽杭　王贤凯
参赛单位 / 汕头市超声仪器研究所有限公司

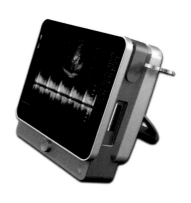

"玉龙切"救灾急救用电圆锯

主创设计 / 赖奕熙
参赛单位 / 华南农业大学

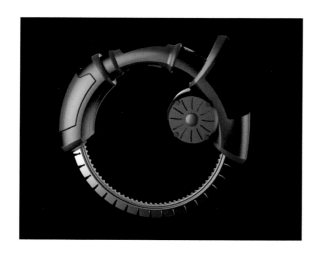

"回"竹家具系列

主创设计 / 周安彬
参赛单位 / 广州美术学院

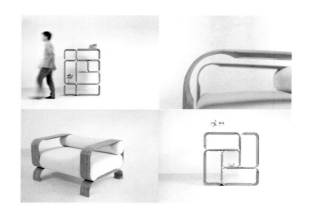

儿童音乐电子宠物

主创设计 / 刘秋明

参与团队 / 黄华武　黄晓波

参赛单位 / 广东轻工职业技术学院

温心—恒温保温套装

主创设计 / 陈玉龙

参赛单位 / 广东轻工职业技术学院

"贴身卫士"救生泳衣

主创设计 / 郑广法

参赛单位 / 广东轻工职业技术学院

转折点路障

主创设计 / 梁沛钦

参赛单位 / 广东工业大学

高中生课桌

主创设计 / 朱若男

参与团队 / 洪志雄　张　婷　吴太杰　余　超

参赛单位 / 广东商学院华商学院

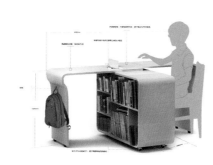

玩具—生活体验馆

主创设计 / 蔡东青

参赛单位 / 广东奥飞动漫文化股份有限公司

格瑞卫康空气净化器

参赛单位 / 格瑞卫康环保科技有限公司

设计说明 / 空气净化器作为一种应对严重空气质量问题的产品近年在市场发展迅速,但不论从产品的原理和形式上,欧美、日韩的产品均占据了主导。该设计打破了设计常规,在空气动力学上进行了全新的优化,又以几何形体的不对称变化,体现出产品和品牌的特点与个性。

聚能灶 BH806C

参赛单位 / 中山华帝燃具股份有限公司

设计说明 / 超短波多波段电台主要用于电台互联网指挥车与战斗指挥车,可用于点对点的业务传输,支持多种工作模式,具备较强的抗干扰和自组织、自恢复组网能力,能在移动条件下以较高的速率传输信息。

慢生活饼式咖啡机

主创设计 / 杨 超　张绍振　廖 霞
参赛单位 / 广州易用设计有限公司

设计说明 / 这款产品以诉求"慢生活"为主调，以抽象的蜗牛作为表象，巧妙地整合各功能，使产品视觉上较简约，操作更易用；产品语言、形态及形象都得到很好的表述，独特的视觉符号，不仅令消费者过目不忘，会心一笑，更可成为现代居家环境的点缀，令生活充满温馨气息。笨拙憨厚之形象，增添生活乐趣，很好地传递人文关怀。

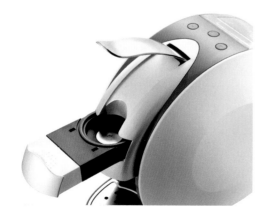

传祺 SUV GS5

参赛单位 / 广州汽车集团股份有限公司

设计说明 / 传祺 SUV GS5 基于欧洲高性能平台全新开发，底盘更适应中国的道路。偏重欧系高端都市 SUV 路线设计，并不强调走非常极端的硬派越野路线，更注重城市的轻型越野，保证有足够通过性前提下的驾乘舒适性和驾乘乐趣。

雅兰仕音响

参赛单位 / 深圳麦锡工业产品策划有限公司

设计说明 / 该设计采用多频共振磁钢的创新技术（或者胆管技术、创新喇叭盆技术），配合精确计算的喇叭开放角设计，使用了独具人性体验的创新造型，融合张力与动感，表达了音响独具力量与品质保证的理念。环保材料与低碳理念的设计，奢华的同时不奢侈，引导人们新的健康消费理念。灵动的设计使得音箱造型轻巧耐用，独具吸引力。

测距仪

参赛单位 / 广州沅子工业产品科技发展有限公司

设计说明 / 利用侧边的太阳能板吸收太阳能转化为电能的测距仪，不需要电池即可工作，摆脱了户外使用时，电量耗尽的烦恼，并且太阳能是可再生能源，环保节能，减少污染。该测距仪外形用两条优美的线条，打破了长久以来，测距仪给人的刻板印象，体现了新一代测距仪时尚高端的流行趋势。

该测距仪使用脉冲测距技术，达到一米以下的超低误差，其精确高效的测距性能，深受电力、水利、通讯、建筑、警务、消防、航海、铁路、军事、农业、林业等专业人士的喜爱，也是高尔夫球专业选手和爱好者的必备器材。内置单筒望远镜，让您更方便地寻获目标，更直观地测量距离；液晶显示瞄准镜，15 秒内显示测量结果，让您轻松快捷掌握所有测量信息。优异的光学技术以及 IP67 防水等级，无论晴雨雾霾，都能因应不同的环境设定测距模式，始终保持卓越的测量效果。时尚小巧，方便携带；采用纳米透明激光，有效保护眼睛。

诺基亚西门子信号基站

参赛单位 / 深圳融一工业设计有限公司

设计说明 / 该产品是一款小型的手机信号基站产品,是诺基亚西门子通信公司与融一工业设计公司共同合作开发的。与传统的基站不同,其设计的出发点是改变人们对传动基站的印象,以更人性化、更有亲和力的形象将该类专业设备类产品推向家用及室内公共场所,提高设备的市场普及率,为统一规划今后的产品线提供参考的典型,作为风格的延续。

超短波多波段电台

主创设计 / 袁亚辉　邱礼腾

参赛单位 / 广州海格通信集团股份有限公司

设计说明 / 超短波多波段电台主要用于电台互联网指挥车与战斗指挥车, 可用于点对点业务传输, 支持多种工作模式, 具备较强的抗干扰和自组织、自恢复组网能力, 能在移动条件下以较高的速率传输信息。

超短波多波段电台设计符合车载通信设备环境要求, 具有良好的抗振动、抗冲击性能、防水性能、电磁兼容性、可维修性和高可靠性。该产品设计采用先进设计手段和技术, 利用仿真分析手段, 科学精确地把握系统性能。

2014

第七届"省长杯"获奖作品

比赛流程
Competition Process
2014

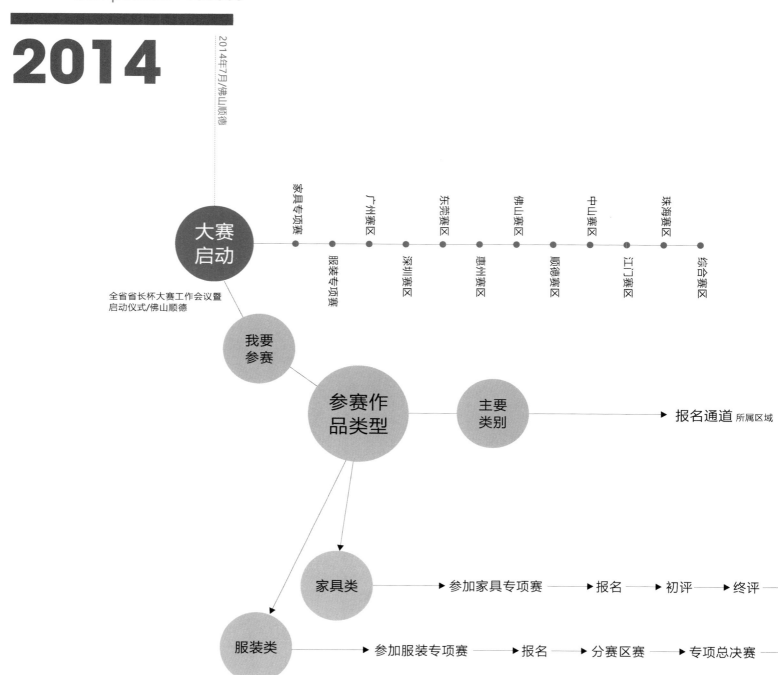

2014年7月/佛山顺德

大赛启动

全省省长杯大赛工作会议暨启动仪式/佛山顺德

家具专项赛　服装专项赛　广州赛区　深圳赛区　东莞赛区　惠州赛区　佛山赛区　顺德赛区　中山赛区　江门赛区　珠海赛区　综合赛区

我要参赛

参赛作品类型

主要类别　　　　报名通道 所属区域

家具类　　　参加家具专项赛　→　报名　→　初评　→　终评

服装类　　　参加服装专项赛　→　报名　→　分赛区赛　→　专项总决赛

2014 第七届"省长杯"
竞赛评委（专业评审委员会常任委员）
童慧明　汤重熹　杨向东　丁长胜　付建平　石振宇　刘　振　胡启志　桂元龙
徐印州　黄启均　曾亮兵　蔡　军　魏祁蔚　张　帆　苏启林　张建民　陈海权
周红石　姚　远　柳冠中　余少言

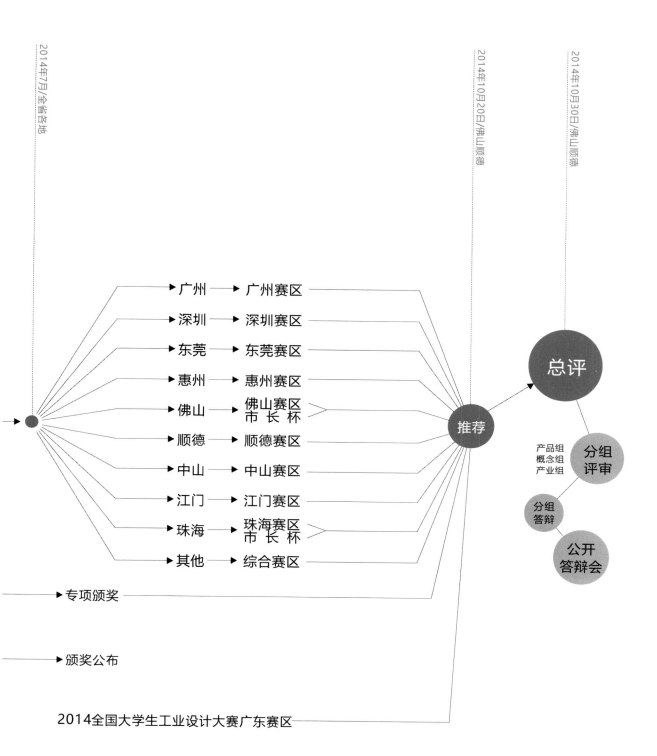

2014年7月/全省各地

2014年10月20日/佛山顺德

2014年10月30日/佛山顺德

广州 → 广州赛区
深圳 → 深圳赛区
东莞 → 东莞赛区
惠州 → 惠州赛区
佛山 → 佛山赛区 市 长 杯
顺德 → 顺德赛区
中山 → 中山赛区
江门 → 江门赛区
珠海 → 珠海赛区 市 长 杯
其他 → 综合赛区

推荐

总评

产品组
概念组
产业组

分组
评审

分组
答辩

公开
答辩会

专项颁奖

颁奖公布

2014全国大学生工业设计大赛广东赛区

本届综述及奖项
Review and Awards

2014

创新 · 融合 · 提升
——第七届"省长杯"大赛回顾

"创新、融合、提升"是广东省第七届"省长杯"工业设计大赛主题提出的背景，是国务院《关于推进文化创意和设计服务与相关产业融合发展的若干意见》和广东省《关于促进我省设计产业发展的若干意见》的提出。工业设计作为生产性服务业的重要组成部分，及其创新的性质，对广东产业的转型升级具有重大价值。通过竞赛，不仅要促进生产制造企业的创新能力，也要推动设计产业本身的健康发展，还要加速设计与相关各类产业的融合，在新的产业环境下提升广东的创新水平。

根据《广东省人民政府办公厅关于印发第七届省长杯工业设计大赛及工业设计活动周工作方案的通知》（粤办函〔2014〕267号）要求，由广东省经济和信息化委员会（以下简称"省经信委"）主办，广东省工业设计协会、广东工业设计城联合承办的第七届"省长杯"工业设计大赛，于2014年7月8日第七届大赛工作会议期间正式启动。

启动之前的3个月里，第一次接手"省长杯"的省经信委生产服务业处，与承办单位一道，做了大量前期艰苦的筹备工作，所涉及的不仅仅是大赛，也包括设计奖的评选、活动周的策划。"省长杯"第一次将设计奖评选正式纳入大赛体系，成为"产品设计组"——一个专门针对已量产产品的竞赛组别。

以往各界大赛所界定的参赛目标——在研或计划研发的产品、产品概念，这一届里以"概念设计组"被划分为大赛的一个组别。创新，不仅是对参赛作品的要求，也是对赛制本身的要求。

国际工业设计联合会（ICSID）于2015年更名为"世界设计组织"（WDO），同时因应时代的发展对工业设计进行了再定义：（工业）设计旨在引导创新、促发商业成功及提供更好质量的生活，是一种将策略性解决问题的过程应用于产品、系统、服务及体验的设计活动。它是一种跨学科的专业，将创新、技术、商业、研究及消费者紧密联系在一起，共同进行创造性活动并将需解决的问题、提出的解决方案进行可视化，重新解构问题，并将其作为建立更好的产品、系统、服务、体验或商业网络的机会，提供新的价值以及竞争优势。（工业）设计是通过其输出物对社会、经济、环境及伦理方面问题的回应，旨在创造一个更好的世界。

上届大赛获奖项目"用设计说话的商业模式"在评审过程中曾经有过较为激烈的争议，究竟是评价产品还是评价产品背后的系统、服务或体验？专家们在主办方的支持下，最终取得共识：比照产品评价的标准或许不一定准确，但以设计引领的商业模式创新，对消费者而言，其所创造的价值殊途同归，而设计在整个商业模式中所发挥的作用，往往更大，意义更加深远。于是，尚品宅配大规模设计定制的商业模式项目于2012年摘取了上届的奖项；于是，"省长杯"的专家们、组织者们对工业设计有了更为深刻的思考；于是，2014年的第七届"省长杯"第一次有了产业设计的专门组别"产业设计组"。

产业设计组界定为：以产业创新和产业提升为目标，鼓励、表彰设计与产业融合的新模式、新研究与新实践，发挥设计在产业整合、商业模式创新、新技术应用、新领域拓展、创新成果产业化等方面的引领和协同整合作用。大赛重点征集以设计

2014 年 7 月 8 日，广东省工业设计现场会在佛山顺德碧桂园召开，会上正式启动第七届"省长杯"工业设计大赛。

在大赛启动仪式上，主办单位领导为柳冠中等大赛评委会成员颁发评委聘书。

参加第七届"省长杯"评审和答辩的部分评委合影。

在大赛评审现场举行的评委会工作会议。

大赛总评公开答辩会现场，来自全省各地的参赛团队"同台竞技"，展示设计风采。

为核心的新型生产服务业功能区、新型生产服务业模式以及设计基础研究项目。

提倡产学研合作的设计基础研究、提倡整合资源的自主研发与模式创新、提倡多学科多领域的跨界、提倡生产服务模式的应用实践。设计产业规划项目、商业模式创新项目、设计平台创新项目、设计标准制定、设计基础研究项目等，首次纳入"省长杯"的竞赛体系。这在各地各类设计竞赛中当属首创，具有"开先河"的引领效应。特别值得一提的是，这个奖项类别的设置是在2014年，早于世界设计组织工业设计最新定义的提出，整整一年时间。

正是前瞻性地将工业设计的内涵、外延加以扩充和完善，顺应了时代进步的趋势和工业设计自身发展的潮流。产业设计融入设计奖项的创新，获得了有关方面的关注，包括中国工程院创新设计课题组、中国创新设计红星奖和国内外设计评奖机构。

本届大赛在赛制方面的另外一项创新，是在原有大赛专业指导委员会、专业评审委员会设置的基础上，增设"大赛仲裁委员会"。仲裁委聘请工业设计、法律、行业领域、纪检、公证、专利和知识产权保护等方面的专家组成，负责对评选活动全过程进行监督，对工作中出现的违规行为、违纪举报等事项进行仲裁。作为政府设立的奖项，"省长杯"设置该委员会，将在大赛的公平和公正两方面发挥更为专业的作用。

在总结历届大赛的基础上，本届大赛将上届"地方联赛"进一步发展为"分赛区"的竞赛模式，除继续与全国大学生工业设计大赛（广东赛区）开展合作以外，继续沿用并发展"联赛"和"专项赛"的办赛思路，将多个"专项赛"活动压缩整合为评价标准不尽相同的两项——家具设计专项和服装设计专项。参加本届"省长杯"工业设计大赛总评选的所有作品均来源于各分赛区和专项赛的推荐，主、承办方加强对各分赛区以及专项赛的监督和指导，并全面负责大赛的总评审。

以开放协作平台办赛的同时，进一步整合资源，培育以"设计广东"为标识的活动周品牌，成为大赛和活动周宣传、推广，以及一系列相关活动当届及可延续的统一平台形象。"Design in Guangdong"，通过对全省设计相关活动进行授权与认定，各级、各地区能形成合力，使"设计广东"成为具更广泛影响力的整体性区域品牌。

在上述机制创新的保障下，第七届"省长杯"工业设计大赛

大赛总评答辩会上，省经信委副主任吴育光代表主办单位及组委会成员单位见证了主要奖项诞生的全过程，并为参赛人员加油打气。

大赛总评答辩会结束后，主、承办方有关领导、大赛评委、答辩选手和工作人员一道合影留念。

在第七届广东工业设计活动周展览开幕式上，省经信委主任赖天生致欢迎词。

以及广东工业设计活动周再次取得突破：从7月份赛事启动到10月底各分赛区、各专项赛完成作品推荐，大赛共收到参赛作品8 549件，覆盖广东省全部工业产品门类，包括大赛设定的生产装备、交通运输、电脑通讯、家用电器等14个参赛领域，数量对比上届提升10%，再创新高；工业设计活动周所整合的活动项目，包括设计走进产业集群系列活动、中国厨房展、设计管理论坛、广东"中国厨房"产业设计联盟年会、"中国厨房"设计奖评选、2014全国大学生工业设计大赛颁奖、清华大学设计学术月"协同创新设计工作坊"成果评选、互联网体验创新峰会、创业者峰会、千亿级企业创新探秘之旅等数十项重大设计活动，在内容和数量方面更加丰富，专业化与跨界融合并重，交流气氛活跃，受到国内外业界、媒体和社会的广泛关注。

大赛期间，工业设计进集群活动相继展开。阳江五金刀剪产业集群、广州站西鞋城、广州三元里皮具城、东莞大朗毛织商品市场、梅州产业集群等产业集群区举办设计—产业的对接会。通过对接，展示了专业设计机构的能力和专长，将设计创新的理念带给了企业，同时，通过组织知识产权专家对相关产业的专利挖掘和知识产权保护的培训讲解，对企业增强知识产权意识有了很大的促进。经过深入的接触和交流，使设计与生产企业双方增进了彼此了解，为今后可能开展的设计合作打下了基础。

2014年12月5日，第七届广东工业设计活动周暨广东工业设计展在广州保利世贸博览馆拉开帷幕。原广东省省委副书记、原广东省省长朱小丹，原广东省省委副书记、政法委书记马兴瑞等领导参观了广东工业设计展展馆。原广东省省政府秘书长李锋、原广东省省委副秘书长魏建飞、原广东省省政府副秘书长卢炳辉和主办方省经信委主任赖天生一道，陪同朱小丹等领导巡馆视察。刘志庚副省长在启动仪式上宣布活动周开幕并为第七届"省长杯"工业设计大赛主要获奖者颁奖。

在大数据、互联网时代背景下，广东工业设计展览围绕设计与产业、技术、文化的融合，展示了设计驱动产业升级、提升生活品质两个方面的成果，并呈现三个方面的特色：设计与产业融合的特色——以设计为引领，进行相关产业链的整合，催生新型商业模式，诞生一批以提供整体解决方案为服务内容，以智能制造、电子商务、智慧物流、三位一体为特征的平台型企业。设计与技术融合的特色——以先进技术、核心技术为支撑，进行商品化的设计拓展。设计与文化融合的特色——从设计与中国文化和生活方式的汇聚、融合切入，展现"广东设计"近年来在提升生活品质和驱动产业升级方面的收获。

2014年12月7日，第七届广东工业设计活动周暨广东工业设计展在广州开幕。

在广东工业设计展上，"省长杯"获奖作品展区格外引人注目。

大赛概念组第一名的设计作品，广汽自主研发的传祺无人驾驶汽车概念车Witstar亮相广东工业设计展。

11 000平方米的展览里，第七届"省长杯"工业设计大赛的获奖作品，无疑成为展览最为闪耀的亮点。"省长杯"获奖作品专区、服装与家具互动体验区、"中国厨房"产业设计联盟主题区、国际厨房品牌区、论坛区和设计工作坊等六大板块，呈现了"广东设计"近两年令人振奋的收获。由广汽集团自主研发设计的传祺无人驾驶汽车概念车Witstar、深圳无限空间设计有限公司设计的医疗产品头颈部PET和曾获习近平总书记肯定的广东工业设计城，分获概念、产品和产业设计3个组别的大赛"冠军"，标志着装备业的设计创新步伐明显加快、健康和养老等领域越来越被产业与设计界关注、设计的系统性被更为广泛地认知与工业设计平台建设取得了阶段性的成就。

朱小丹等领导仔细地了解了这些设计作品，寄望大赛和展览能更多融入国际化的元素，促进广东省与全球设计资源的互动交流，促进工业设计参与到全球的竞争当中。在参观完全部展览内容后，马兴瑞对主办方有关人员说道："这是最好看的一场展览。"

在省委、省政府的高度重视下，广东工业设计围绕"设计产业化、产业设计化、人才职业化"的发展思路，取得了跨越式发展，呈现出良好的发展态势，有力支撑"广东制造"向"广东创造"转变，形成了以政府为引导、以企业为主体、以园区为平台、以协会为桥梁、以院校为后盾的产业生态布局。"省长杯"工业设计大赛及工业设计活动周发挥重要作用，通过展览的不同板块内容，观众从各个层面了解了广东工业设计的发展，体会了工业设计在促进产业转型升级的价值，增强了打造"广东创造"、建设"创新广东"的信心。

展览开幕当天，邀请上海、浙江、福建、重庆、四川和甘肃等省市经济和信息化主管部门代表参加了设计周活动并签署《加强生产性服务业交流合作协议》。

在此之前的9月28日，在广东工业设计城，在2014年全国大学生工业设计大赛颁奖典礼上，由清华大学美术学院柳冠中教授、湖南大学何人可教授、广州美术学院童慧明教授联手发起，携全国首批30位高级工业设计师共同倡议：将每年12月9日设为"中国设计活动日"。此倡议源于2012年12月9日，习近平总书记视察广东工业设计城，并寄望在这里"聚集8 000名设计师"。与工业设计活动周配套和同步，2014年12月9日，在佛山顺德，举行了设计日相关活动。活动的举办，旨在构筑一个设计与产业、与城市和与社会融合发展的平台，落地一批重大的设计、科技与创新项目。通过举办一系列与市民紧密相关的活动，突破原有单纯的设计业内交流和设计与产业间的互动，发展为设计走向市民，与

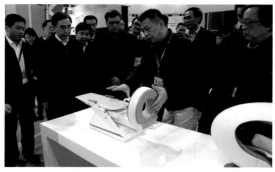
朱小丹、马兴瑞等省委省政府领导在广东工业设计展上，听取工作人员介绍和演示"省长杯"获奖作品。

朱小丹省长在广东工业设计展上，与"省长杯"产业设计组的获奖设计师们一同探讨设计的发展。

朱小丹省长在广东工业设计展上，与"省长杯"大赛的评委专家亲切交流。

12月9日举行的中国设计活动日系列活动现场，刘志庚副省长等领导接见部分大赛获奖设计师。

童慧明教授出席活动周设计管理论坛暨 2014 中国产品经理大会——互联网体验创新峰会。

第七届广东工业设计活动周展览现场举行了一系列设计专题活动，参与者积极踊跃。

生活、社会和城市深度融合。刘志庚、卢炳辉等广东省领导出席了设计日活动，并接见了"省长杯"工业设计大赛和全国大学生工业设计大赛的获奖项目代表。

在活动周举办期间，除了展览现场举办的2014中国产品经理大会——互联网体验创新峰会和创业者峰会，家具专项赛颁奖仪式暨作品集首发式及论坛，2014广东省服装业设计创新交流会暨广东省服装设计师协会第二届第七次理事会，涉及老龄、照明、体验和交互等专业方向的国际设计创新工作坊，广东"中国厨房"产业设计联盟2014年会，"中国厨房"设计奖颁奖仪式暨"1+1+1厨房产业发展论坛"外，作为"设计广东"的核心活动，还相继开展了"千亿级企业创新探秘之旅"的学习交流活动，以助力广东优秀成长型制造业企业与世界级产业龙头交流互动为目的的"设计 + 制造 = 未来"设计创新论坛。上述活动在数量和质量上，以及参与企业、人员数量上再次突破了活动周的记录，赢得了社会各界的高度认可。

附录：
广东省第七届"省长杯"工业设计大赛暨
广东工业设计活动周组织机构
主办单位：广东省经济和信息化委员会

支持单位：中国工业设计协会

组委会成员单位：广东省教育厅　广东省科学技术厅　广东省财政厅　广东省人力资源和社会保障厅　广东省文化厅
　　　　　　　　广东省新闻出版广电局　广东省知识产权局　广东省总工会　团省委　广东省妇联

承办单位：广东省工业设计协会　广东工业设计城

协办单位：各地级以上市（含顺德区）经济和信息化部门　广东省家具协会　广东省服装服饰行业协会　华南工业设计院
　　　　　　广州国际设计周组委会　广州市工业设计行业协会　广州市工业设计促进会　深圳市设计联合会
　　　　　　深圳市工业设计行业协会　珠海市工业设计协会　东莞市工业设计协会　中山市工业设计协会
　　　　　　江门市出口产品创意设计协会　江门市工业设计协会　顺德工业设计协会　惠州市工业设计协会

组委会名单：
主　　任：刘志庚

副主任：林　英　赖天生

成　　员：戚真理　魏中林　龚国平　叶梅芬　郑朝阳　胡振国　钱永红　谢　红　陈宗文　张志华　刘兰妮

大赛组委会办公室设在广东省经济和信息化委，承担具体工作的是生产服务业处（成员：谭杰斌、曾海燕、全在勤、卢振港、黄紫华、侯　彪）

传祺 Witstar

主创设计 / 卢卓宇

设计团队 / 张 棋　赖睿智　李 钦　KirkDyer　林国强　冯小奕

参赛单位 / 广州汽车集团股份有限公司汽车工程研究院

设计说明 / Witstar 是一款在广汽增程式纯电动车平台上开发的，可实现无人驾驶的新能源智能汽车。它将汽车技术发展的"电动化""智能化"两大趋势融为一体，体现了广汽对人类未来移动方式的展望。

如何把智能汽车与未来人们生活方式相结合？如何利用技术革新的成果更好地为人们的移动服务？如何创造出体现相应科技感和技术美学相结合，同时符合无人驾驶智能概念车的特性？是广汽设计团队为我们展现的这部全新智能概念车的价值与意义。

Help 助起助行车

主创设计 / 张欣

设计团队 / 卢文权　张泉凡　陆冠业　容汉华　李远兵　胡泰源

参赛单位 / 广东工业大学

设计说明 / 这款产品是针对具有一定自理能力而腿脚不方便等需要借助支撑物或者别人搀扶才能站立的人群所设计的。本设计主要运用同轴心转动的原理，按其下降按钮使其前脚向前滑动，这时抓握支撑点也相应下降，然后支撑点下降到合适搀扶的角度后，手握 U 型把手，前身向前微倾，然后按上升按钮缓慢上升，前轮往回收起，相应的 U 型把手也相应上升，带动整个人助起的作用。

本设计的创新点在于：帮助老年人放心出行，营造其自信心，使老年人的生活更 加便利。

Magic 环保看台

主创设计 / 黎泽深

设计团队 / 陈惠玲　罗超军　陈伟斌　马　昕　李馨欢

　　　　　李家强　谢飞龙　陈永航　林枫淇

参赛单位 / 广东新会中集特种运输设备有限公司　五邑大学

设计说明 / Magic 环保看台将体育看台完美集装箱模块化设计，可根据场地需求选择不同模块快速组成体育看台，看台不仅灵活、低成本，并且高效生产，100% 可循环。Magic 很好地避免了传统体育看台大都采用钢筋混凝土结构，不仅产生大量的建筑垃圾和噪音，而且建造时间长、造价高、运营成本高、无法环保利用的缺点。

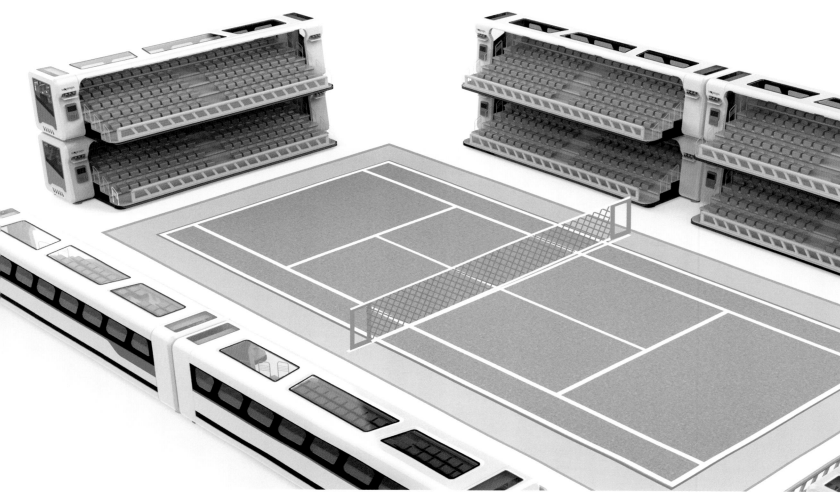

智能门锁

主创设计 / 陈锋明

设计团队 / 蒋　雯　陈煜杰　苏美先　陈少龙　梁嘉敏　杨均龙

参赛单位 / 广东工业大学艺术设计学院

设计说明 / 落地玻璃大门造型简洁、空间通透感强，特别适合应用于办公室、酒店和商场空间。但是，玻璃大门的防盗性能较薄弱，人们常常使用 U 型锁或者铁链锁稳门把手，显然这是极为不便的，也和整体空间风格格格不入。Turn-Lock 旋转密码门锁是一款将密码锁和落地玻璃门把手有机结合的设计。使用 Turn-Lock 旋转密码门锁，人们再也不用担心如何锁稳落地玻璃门和 U 型锁的存放问题了，使用过程更加便利简单。

错位式闸门设计

主创设计 / 曹健威
设计团队 / 麦伟杰　杨虹斐　许小亮
参赛单位 / 广州哈士奇产品设计有限公司

设计说明 / 自动闸门在现代社会公共交通已广泛使用，但仍然存在着种种问题。我们发现乘坐公共交通经常会带上大大小小的行李，但通过闸门时经常会遇到困难，例如行李太大无法通过，通过困难导致闸门关上等，因而我们借此机会重新思考检票闸门的空间利用。

嘉竹椅

主创设计 / 何　汉
参赛单位 / 广州美术学院

设计说明 / 竹有竹性，木有木语。竹集成材既有优于木材的刚性，又有清秀柔韧的修竹之美。扶手的层叠粗细变化充分展现了竹子独特的柔性美感，"夹竹""扭曲"的设计手法和"榫卯结构"与现代工艺结合，既体现了刚柔并济的设计理念又表现了竹子"中空而虚"的品格。

竹集成材和软木这两种环保材料的结合，更丰富了竹集成材的材料可塑性。在制作方面，嘉竹椅可通过蒸汽热弯后的模具定型来实现量产。

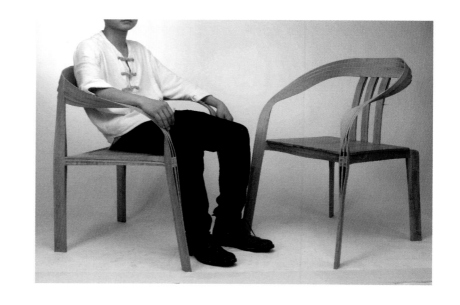

飞亚达摄影师系列慈善特别款

主创设计 / 孙　磊
设计团队 / 孙宇靖　何培斌　张昭毅
参赛单位 / 飞亚达（集团）股份有限公司

设计说明 / 飞亚达摄影师系列慈善特别款是一款融合摄影元素及拍摄体验的腕表。其功能和造型灵感来自于机械相机与现代微单相机。盘面时分针采用了转盘式的全新读时方式，改变了以往的固有形态。

黑底搭配荧光绿色刻度和针盘，方便读时的同时更添一份科技的未来感，表款圈口采用了特殊旋转结构，可以让消费者自行拆卸后更换成另两种圈口，让表款拥有全新面貌以及附加功能。

危险区域鹰眼

主创设计 / 刘孟昌
设计团队 / 老柏强　谢志纯　刘　伟　李俊超
参赛单位 / 顺德古今工业设计有限公司
　　　　　佛山市尖刀连营销策划有限公司

设计说明 / 监控摄像头采用无线监控技术和利用无线电波来传输视频、声音、数据等信号，且在吊钩四周存在四个监控摄像头，进而形成三百六十度无限全景监控系统，实时对底面进行监控。

摄像头采用激光投影技术，激光具有很好的单色性、方向性、远距离衰弱小的优点。利用激光的单色性和相干性，在光道里装配一块具有一定遮光图案的玻璃片，使之所衍生一点干涉；经过望远镜调焦，获得明亮而精细的图像光斑；通过四个投射，摄像头可以形成一个环形警戒带，让作业区域更加醒目。

"&" 竹椅

主创设计 / 庄海龙

参赛单位 / 广州美术学院

设计说明 / 采用坐面为模具围绕竹材的加工工艺将竹的韧性与结构结合，从坐面出发到椅腿再到靠背最终回到坐面，整个结构形成闭合的空间，让看起来纤薄的竹板将力分散至全身，轻而不浮，稳而不重。突破传统竹家具的表现形式，将竹的韧性最大化迎合正负形的结构，使力学与美学得到诠释,它的造型不仅是追求材料的特性与工艺的极限，而是由结构决定形式(形式追随结构)。

可升降老人洗浴椅

主创设计 / 张　欣

设计团队 / 梁家劲　郑永康　林为杰　王伟炼　王诗露　梁　峥

参赛单位 / 广东工业大学

设计说明 / 本设计是以简单的物理外力结构来实现可升降、可移动，如厕三大系统的辅助失能老人洗浴护理装置。可减少在运动的过程中抱老人的次数,可移动系统轻松将老人送至洗浴室后直接洗浴,方便快捷,提高效率。

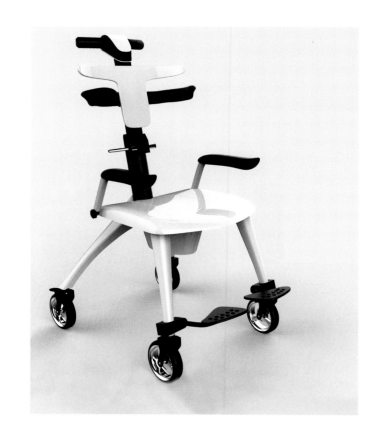

SKYWORTH-Delta 三屏概念电视

主创设计 / 陈志勇

设计团队 / 汪正贤　何　莲　张晓辉　彭丽媛　任延明

高华明　李和春　陈李星　张新华

参赛单位 / 深圳创维-RGB 电子有限公司

设计说明 / SKYWORTH-Delta 三屏概念电视来自创维 ACP10 的概念设计项目，整个概念设计项目围绕着如何让传统行业进行互联网转型。三屏曲面电视概念主要针对专业的游戏玩家的各种需求，并可扩展至公共展示商业用途。可以通过变换形态同时满足用户对更极致的画面的追求和多人使用情况的不同需求。

正反脸盆

主创设计 / 王阳龙

设计团队 / 胡富通　陈振璐　梁海华

参赛单位 / 华南农业大学

设计说明 / 对于住房狭小的人们来说洗衣服是一件烦恼的事情，这款没有一个可以擦衣服的脸盆通过正面脸盆的底部做洗衣板。正面脸盆的底部不是和地面直接接触的，而是给反面脸盆带来一个盛水的空间。这样不但给我们的生活带来方便，而且洗衣服时可以节约水资源。脸盆的结构也有可重叠，方便装载运输的优点。

倒计时水阀

主创设计 / 苏美先

设计团队 / 陈锋明　蒋　雯　陈煜杰　陈少龙　杨均龙　梁嘉敏

参赛单位 / 广东工业大学艺术设计学院

设计说明 / 倒计时水阀是一个具有计时功能的浴室智能冷热水阀。漏斗式的计时 LED 显示屏幕能提醒你洗澡所用的时间，通过这种方式提倡节约环保的生活模式。

卡扣式整体房

主创设计 / 王跃辉

设计团队 / 焦秋生　周志锋　李锦祥　李海建

参赛单位 / 佛山市浪鲸洁具有限公司

设计说明 / 本产品采用旋转式的铝材连接方式，通过对铝材的小改动达到安装方便的作用，同时方便拆卸、维修，大大提高工作效率，并减少维修率。房体采用全对称结构设计，产品的左右方向可在用户现场通过调整装配方式实现，客户无须订购不同方向的产品，从而减少产品的库存。

立体读时现代款

主创设计 / 孙　磊
设计团队 / 高仍东
参赛单位 / 飞亚达（集团）股份有限公司

设计说明 / 创手表立体读取时间的先河，是一次在传统手表读时方式上的功能性创新，不仅能从垂直正面读取时间，还能从倾斜的侧面读取时间，两种读取时间的角度和方式是其独特的核心。

新水平平衡担架

主创设计 / 张　欣
设计团队 / 梁建航　林为杰　张泉凡　李远兵　胡泰源
参赛单位 / 广东工业大学

设计说明 / 这个设计旨在解决担架在遇到楼梯或斜坡等地形时，抬担架的人在不改变自身姿势的情况下让担架能始终处于一个与水平平衡的状态。减少躺在担架床上的人受到二次伤害的机会。同时，全新设计的担架把手也能最大限度地保持抬担架者手部的姿势不变。

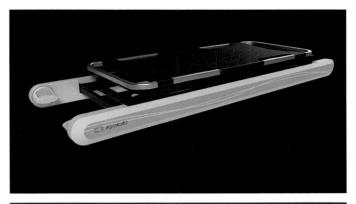

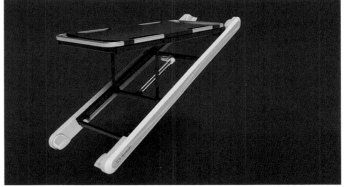

智能分层模块化压力锅

主创设计 / 周　志
设计团队 / 陈　凯
参赛单位 / 康佳集团股份有限公司

设计说明 / 分层压力锅可以在同一烹饪时间内，一次分压、分炖不同的食材，顶部的点触屏幕可以针对不同食材的烹饪设置时间，每一层都有智能进程灯光显示，让使用者可以通过不同光带显示，来判断食物烹煮的程度。为了确保气阀旋压的可靠性，产品采用旋转开启的方式，同时用安全保证的装置防止出现因锅体未安装到位而出现的安全隐患。

胶囊奶粉机

主创设计 / 庄　彪
设计团队 / 宋　臣　吴　晗　董元升　方　柏　董飞燕　廖子霞　黄春模
参赛单位 / 佛山市六维空间设计咨询有限公司

设计说明 / 有顶部带温杯功能，让你制作咖啡的时候更方便，免去温杯步骤。带有蒸汽管打奶泡功能，随时满足你制作各种各样的咖啡的需求，有可移动的接水盘，倒水更方便。由于现在的手机是向上倾斜的，所以人也更容易看到固定漏斗的底座，而且固定底座设计成倒圆锥台，使装粉漏斗更容易找到固定位置。以往类型总会出现难找到固定位置的问题，新设计能够很好地解决此问题。

Freecy Dry

主创设计 / 禤阳彬

设计团队 / 陈健坤　曹津邦　郭淑霞

参赛单位 / 广州哈士奇产品设计有限公司

设计说明 / 对于长发的人来说要把秀发吹干需要较长的时间，而长时间操作吹风机会让手臂感到酸痛疲惫。通过大量资料研究分析，我们设计了 Freecy Dry 电吹风让吹头发变得更简单方便，同时解决电吹风收纳麻烦、无处摆放的问题。Freecy Dry 还给电吹风增加了干手机功能，更有效合理利用电吹风的干燥功能。

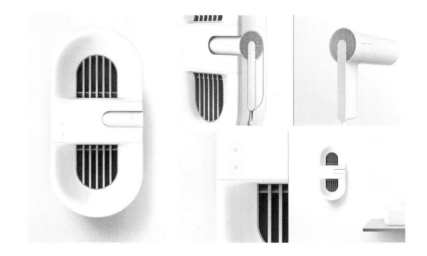

多合一扳手

主创设计 / 许汝晓

参赛单位 / 韶关学院美术与设计学院

设计说明 / 在我们日常生活中会出现很多不同型号又普通的平头螺栓，需要准备多个扳手很不方便，并且在使用的过程中会经常出现换型号的状况。此设计把以上问题结合并且设计将 4 mm、6 mm、8 mm 和 10 mm 型号尺寸结合在一个扳手中，使用者可以根据自己的需求使用不同型号的扳手，不需要换接头，节省了材料又方便使用。

EASY TAKE

主创设计 / 戴绍云
参与团队 / 张　硕
参赛单位 / 个　人

多功能人字梯改良设计

主创设计 / 何智华
参与团队 / 陈燕霞　黄永杰　何子宏
参赛单位 / 中山黑火工业设计有限公司

漩涡—智能烟机

主创设计 / 梁利满
参与团队 / 黄先华
参赛单位 / 广东顺德东方麦田工业设计有限公司

体验型人体工学鼠标

主创设计 / 周　彬
参赛单位 / 深圳市壹零壹工业设计有限公司

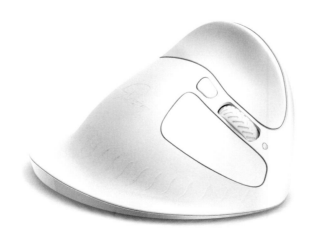

Life of Triangle

主创设计 / 胡　晓

参与团队 / 谭丽珊　邱金莲　陈威龙　张淑瑜

参赛单位 / 韶关学院美术与设计学院

负载搬运工具

主创设计 / 梁怀敏

参与团队 / 何巨华　黄妃志　王小文　吴恒华

参赛单位 / 广州美术学院

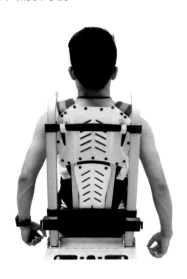

Bloom-Brush

主创设计 / 陈千上

参与团队 / 徐胜利

参赛单位 / 深圳市嘉兰图设计有限公司

卧床老人排泄处理器

主创设计 / 陈　欣

参与团队 / 罗泳臻　容汉华　陆冠业　曾若晞　刘醒坚

参赛单位 / 广东工业大学

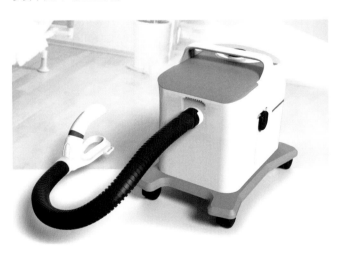

iMask 多功能逃生产品设计

主创设计 / 欧 规

参与团队 / 吴喜伟 涂 鹏

参赛单位 / 深圳市东方艺辰工业设计有限公司

灵动拉杆箱

主创设计 / 马 昕

参与团队 / 陈永航 李家强 李招威 郭敏仪

参赛单位 / 江门市艾迪赞工业设计有限公司

Hold Clean 电梯扶手消毒器

主创设计 / 陈键明

参与团队 / 蒋 雯 陈煜杰 陈少龙 苏美先 杨均龙 梁嘉敏

参赛单位 / 广东工业大学艺术与设计学院

手机配件设计
——便携式数据线、移动电源

主创设计 / 吴婉媛

参赛单位 / 个 人

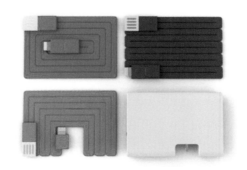

Bee-Baby
多功能儿童汽车安全座椅

主创设计 / 蒋　东

参赛单位 / 电子科技大学中山学院

SKYWORTH-Sablier

主创设计 / 彭丽媛

参与团队 / 汪正贤　何　莲　张晓辉　任延明　高华明
　　　　　李和春　陈李星　张新华

参赛单位 / 深圳创维 –RGB 电子有限公司

I+X Linkage

主创设计 / 廖　源

参与团队 / 胡菁菁

参赛单位 / 江门市艾迪赞工业设计有限公司

半椭圆

抛物线

椭　圆

直　线

Assembled Love

主创设计 / 朱　拓

参与团队 / 欧伟栋　刘惠存　邵俊杰　林亚洲

参赛单位 / 广东工业大学

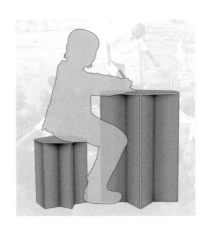

"个人风"涡流风扇

主创设计 / 梁建业
参与团队 / 陈刚昭　余庆文
参赛单位 / 佛山市青鸟工业设计有限公司

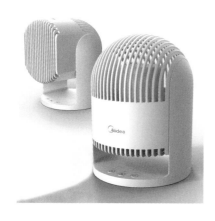

随意

主创设计 / 陈　毅
参赛单位 / 中山市红古轩家具有限公司

多功能概念磁疗仪

主创设计 / 欧　规
参与团队 / 吴喜伟　涂　鹏
参赛单位 / 深圳市东方艺辰工业设计有限公司

O 系列电暖器

主创设计 / 秦　鸾
参与团队 / 杨启坚　梁伟骏　李在霆
　　　　　 田　乾　汪京经　吴欢龙
参赛单位 / 珠海格力电器股份有限公司

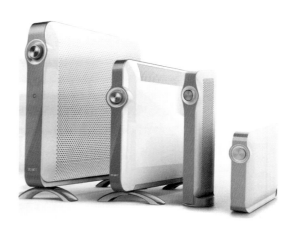

生命之光

主创设计 / 杨朝生
参赛单位 / 个　人

爱心包裹

主创设计 / 梁海华
参与团队 / 胡富通　陈振路　王阳龙
参赛单位 / 华南农业大学

矿泉水瓶救生环

主创设计 / 周小高
参赛单位 / 电子科技大学中山学院

桶盆设计

主创设计 / 陈振路
参与团队 / 王阳龙　胡富通　梁海华
参赛单位 / 华南农业大学

Eversible

主创设计 / 廖　源
参与团队 / 彭　喆
参赛单位 / 个　人

平板化包装的实木家具设计

主创设计 / 陈鹏安
参与团队 / 魏海利　李　超　黄　波
参赛单位 / 佛山市翡丽尚品家具有限公司

盲人水杯

主创设计 / 丁　栋
参赛单位 / 广州美术学院

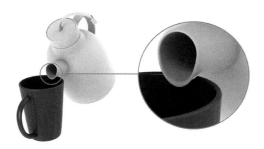

简易高空采果器

主创设计 / 杨涛清
参赛单位 / 广东石油化工学院

Air Purification Bus

主创设计 / 陈旭升

参与团队 / 邓佳瑶　丁雅薇　钟惠敏　郑晓琪

参赛单位 / 广东工业大学

"回归" —— 食品垃圾处理机

主创设计 / 梁建业

参与团队 / 陈刚昭　王大惠

参赛单位 / 佛山市青鸟工业设计有限公司

头颈部 PET

主创设计 / 赵东升

设计团队 / 赵东升　肖天宇　尹燕蛟　李　烨　温晶舟　杨燕来

参赛单位 / 深圳市无限空间工业设计有限公司

设计说明 / 基于我们在医疗领域多年的机械设计经验，我们构想出独创的头颈部 PET 系统，高度集成化的电气控制与结构形式，做出这样结构轻巧的设计，把 PET 这种高端分子成像系统引入更高一层的研究领域。由于它紧凑的结构和灵活的体位控制，可以为患者提供多体位的治疗和人性化的成像控制过程。人体和头部一起向下从 90 度到 0 度的变化，可提供给科研机构由垂直到水平变化过程中动态的患者脑部活动状态和病灶反应，便于进一步的跟踪和治疗方案的展开。

BH853 聚能灶

主创设计 / 卜　峰

设计团队 / 卜　峰　李小忠　吴　亭　张　鑫　陈学良

参赛单位 / 华帝股份有限公司

设计说明 / 聚能灶的推出革新了用户对灶具的认识。随着产品的不断创新与完善，BH853 聚能灶具有更高的热效率，节约能源；更清晰的火力显示，使用户不必再弯腰看火；细致的设计细节让用户得到更佳的烹饪体验。

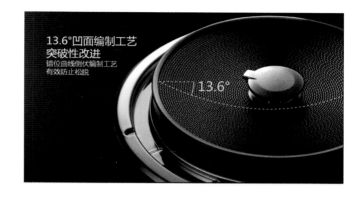

DT-7000 i58 现金循环机

主创设计 / 林铭勋

设计团队 / 孙志强　罗攀峰　谭 栋　李 凯　韩小平　徐鹏鹰　范军明　苏美先

参赛单位 / 广州广电运通金融电子股份有限公司

设计说明 / DT-7000 i58 现金循环机（简称"i58"）是广电运通精心打造的新一代现金循环机。i58 将"低成本、易维护、高安全"作为产品设计理念，全新的钞票处理模式显著提升设备的稳定性和维护的便利性，功能全面，技术领先，布放灵活，易于维护，全方位的安全设计，建立保护屏障 LCE-V1000 档案纸综合修复系统，人机交互设计更加友好，操作使用更加便利，能够满足各类现金业务的需求。

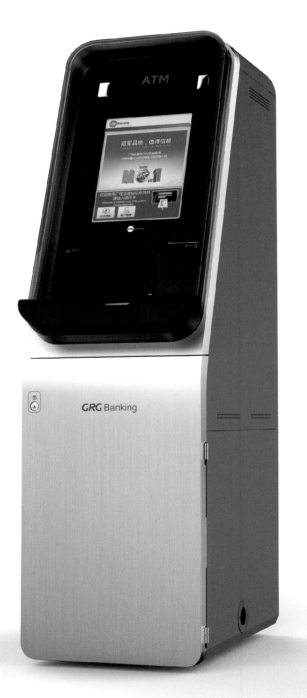

档案纸综合修复设备

主创设计 / 钟智达

设计团队 / 吴国杰　韩日超　林书楷　陈小南　汤　彧

　　　　　潘　帅　陈大鹤　李子泓　张　广　李　熹

参赛单位 / 东莞市立马干燥技术有限公司

　　　　　广东华南工业设计院　广东工业大学

设计说明 / 随着科学技术的进步，档案纸通过机器进行批量化修复已成为可能，该修复系统整合多方面资源，开发出一套完善的档案纸脱酸修复系统，并通过多种成熟技术手段保证该系统可以高效地进行档案纸批量化自动脱酸修复。该系统具有实时监控保护系统，节能高效，智能人性化等强大功能。

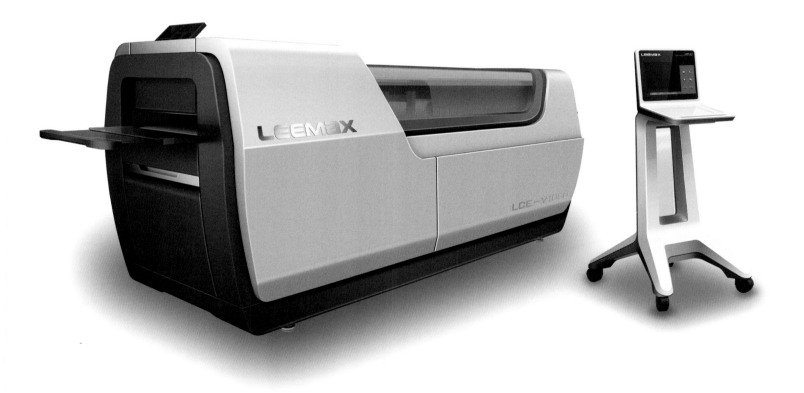

透明游船

主创设计 / 唐宇前　林铭勋

设计团队 / 李快水　钟百达　张荣华　李春利

参赛单位 / 江门市艾一迪工业设计有限公司

　　　　　广州市力申塑料制品有限公司

　　　　　江门市奈斯新材料科技有限公司

设计说明 / PC 透明水晶船以整块 PC 透明板热压成型，船体透明性好，适应于各种水域的观光游玩。船体设计抽取鱼身线条元素，优美灵动，仿如水上的精灵。与一般娱乐观光船相比，透明水晶具备船体透明的特点，在水质清澈的水域上能直接看到水底，增加了游船的乐趣。

船身整块 PC 板具有体积小、质量轻、方便携带、安全性能高等优点。船身周围用安全气囊包裹，防止船身意外下沉；具有优良的人体工学考虑，充分考虑舒适度；应用范围广，经济效益可观。

车卫士·汽车安全工具包

主创设计 / 冯安记

设计团队 / 林喜群　陈　永　陈　坚

参赛单位 / 深圳市鼎典工业产品设计有限公司

设计说明 / 车卫士是一款针对解决行车安全问题的产品，旨在保护大众行车安全，其设计本身体现了社会责任感。产品通过自主研发、品牌经营、对车安全品牌领域投入，取得了一定的成果。车卫士项目在发展阶段的目标为 5000 万的年销售规模，将带动 1000 人以上的社会就业，对于社会就业问题作出积极的贡献。

ECO Duet 吸尘器

主创设计 / Rinaldo Filinesi
参赛单位 / 广东美的厨房电器制造有限公司

设计说明 / ECO Duet 吸尘器是由两个日常使用的家具产品结合而成的, 具有和谐设计理念的产品。这个二合一的产品以 18 伏可充电式电池驱动, 有一个手持式吸尘器和一个应用于清洁地板的符合人体工学的手持式直立控杆, 外加一个既可用于产品放置也有充电功能的充电底座。它的紧凑型设计和轻盈机身提供了富有实用性的快速和简单的清洁体验, 同时与传统的吸尘器相比较, 也有低噪音以及低能耗的优点, 显著地提高了产品的使用效能。

血液净化治疗仪

主创设计 / 黄坚烽

设计团队 / 唐勋宏　陈建华　仇登伟　邓浩景

参赛单位 / 江门市壹德设计工程咨询有限公司
　　　　　佛山市博新生物科技有限公司
　　　　　佛山市顺德区和壹设计咨询有限公司

设计说明 / 多功能血液净化装置包含血液控制和超滤置换液（透析液）控制两部分。血液控制部分包括血泵、肝素泵、空气捕捉器、气泡检测器、漏血探测器等。超滤置换液控制部分包括置换液输入泵、废液泵、三个测压点、加热器和三个称重装置。首先，采用管式加热器设计，使加热稳定均匀，效率点高，提高治疗的安全性。其次，压盖式的蠕动泵射虎使用管路安全方便及简化操作，有利于对病人的抢救。最后，拥有五个蠕动泵及三个智能夹的设计使功能更强大，能开展目前的所有血液净化治疗模式。

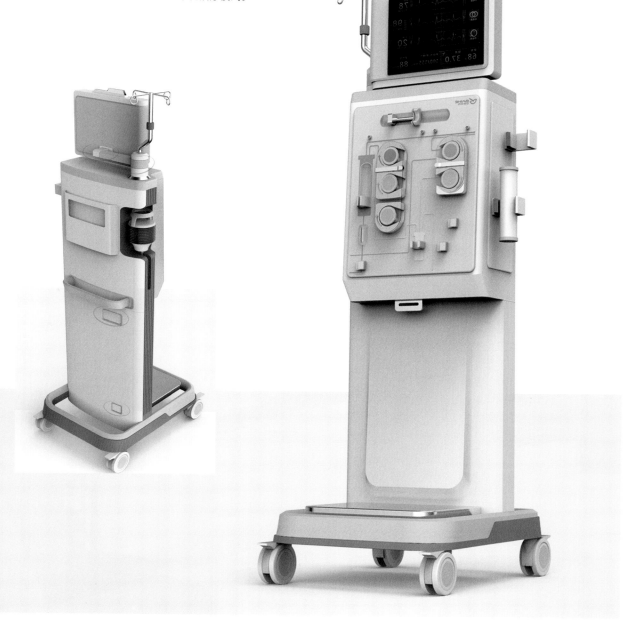

人体成分分析仪

主创设计 / 小早川达俊
设计团队 / 市桥彻　赤堀ひろみ
参赛单位 / 东莞百利达健康器材有限公司

设计说明 / 作为健康测量仪器业界的开拓者，通过生物电阻抗分析法，开发了从身体的五个不同部位分别测量数据的技术，不断深入研发，从家庭个人到医疗机构全面覆盖各种测量需求，测量上追求更高精度和更高性能，用于医疗和健身等专业领域的身体成分分析仪 MC-980MA，从呵护健康的角度出发，全方位监督运动与饮食，为健康提供更专业的精度和测量。

LED 测试分光机整体解决方案设计

主创设计 / 穆志伟

设计团队 / 穆志伟　曹　淮　毛非一　付　琪　黄建文
　　　　　韩振起　董思洁　冯　翀　王媛媛　陈　凯

参赛单位 / 东莞中道创意科技有限公司

设计说明 / 该产品具有变革性意义，其特点在于在原有的 LED 分光技术基础上增加了八个高速 BIN 装置，此装置使得分光时将数量最多的八种属性的 LED 先单独提取出来，然后再进行下一步的细分筛选工作，使得分光效率极大提高。其次，将检测仪器整合至分光机内部，使产品更加一体化，减少产品体积，并且采用了全触模式，屏幕设计操作更加直观易用，而产品功能模块整合归纳，入料区、使用操作区、观测区、检验区、取料区分区明确，极大节省操作时间。科学的人机分析使得产品每一个区域都体现了人文关怀，使用舒适。

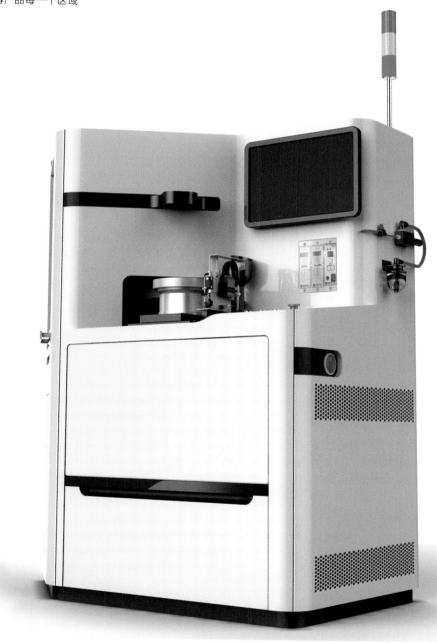

G 产品奖 Products Award

国医华科四点阈值视野仪

主创设计 / 邓在峰
设计团队 / 肖天宇 罗 巍 李 烨 温晶舟 杨燕来
参赛单位 / 深圳市无限空间工业设计有限公司

设计说明 / 基于对未来智能医疗系统的探索,该产品重新定义了患者的诊断方式及医生的工作流程:通过一块无线触控式平板电脑,医生可在诊断过程中对机器灵活操控,不受空间限制。诊断结束后可将结果通过无线信号即时发送给患者,并同步传输至医疗信息终端,方便医院实时更新患者最新的病情,该创新方式为未来远程医疗提供了充分的可能性。

极限系列车元素特别款

主创设计 / 高仍东
设计团队 / 汪 雯 吴 难
参赛单位 / 飞亚达(集团)股份有限公司

设计说明 / 该产品为飞亚达极限系列中车元素概念表款,设计灵感来自跑车,大气的圆形表壳直径达到 42 毫米,镂空通透的跑车设计语言很好地与机心结合在一起,相互融合并衬托出各自的魅力,使表款展现出强有力的精密机械设计感,很容易引起年轻消费者的心理共鸣。

E980S 曲面电视

主创设计 / 高华明

设计团队 / 汪正贤　陈志勇　韦淑潇　盛瑜岚　李　钊

　　　　　刘湘铖　奉麟荣　田　禹　耿　强

参赛单位 / 深圳创维-RGB 电子有限公司

设计说明 / E980S 是创维2014年的一款高端旗舰产品，采用最新科学技术 OLED（有机发光二极管）曲面屏，让视觉体验一次盛宴，同时电视音质效果有质的飞跃，让用户体验更加完美，采用非触摸滑动开机技术让开机体验更完美。

这也是一款外观精致的曲面超薄 OLED 有机电视，机身达到4.9mm极致厚度，1mm 极致边框，大屏幕的曲面电视可视觉角度更为宽广，可为观看者提供一种身临其境的体验。打造一款享受视听、富有艺术感的电视，真正体验足不出户在家享受影院看大片的影音效果。

山东超瑞斯磁疗

主创设计 / 温晶舟

设计团队 / 肖天宇　尹燕蛟　李　烨

参赛单位 / 深圳无限空间工业设计有限公司

设计说明 / 磁旋治疗系统是作为肿瘤治疗的最新的有效手段，特别是晚期癌症患者，在癌细胞已经扩散的情况下，常规手术已经无法实施，磁旋系统通过调整人体磁场而激发人体内部修复系统，达到减轻病人痛苦，延长生命时间，提高生命质量的目的，病人能够在轻松的环境下完成治疗，这样的产品不会使病人感到紧张，可以减少痛楚，加上音乐与视频播放的功能使得病人得到更好的用户体验。

TCLH9600 超高清曲面电视

主创设计 / 李正心

设计团队 / 黄中豪　沈新峰

参赛单位 / TCL 集团创新中心

设计说明 / 在设计上本着对观看体验品质追求的态度，正面消除对视觉有影响的因素。主体采用低调的黑色，纯粹地呈现画面，侧面则强调两侧的高亮金属本色边框，并延伸到弧线的底座上，将使用这个元素融合在整个电视当中。底座有独特的力学三点搭接支撑，很大程度优化分散电视质量，让电视更稳重大方，新的 TCL 拼合加工技术将每一个细节近乎完美地拼合在一起。

GTG 立体式常温无损干燥设备

主创设计 / 陈大鹤

设计团队 / 林书楷　吴国杰　陈小南　汤　彧　钟智达
　　　　　韩日超　潘　帅　李子泓　张　广　李　熹

参赛单位 / 广东华南工业设计院　东莞市立马干燥技术有限公司

设计说明 / GTG 型常温无声干燥设备是一项资源节约型、环境友好型和设计创新型绿色干燥设备，GTG 立体式常温无损干燥设备使用的是一项借助高压电场与水分子相互作用的原理开发出的新型干燥技术。

它自身独特的常温干燥特性特别适合于热敏性材料的干燥，它对于物料的色泽、营养成分等都具有良好的保持作用，结合自主研发设计的立体式螺旋输送机，可以为企业解决设备效率的能源损耗高，空间占用大等长期困扰问题。

全能王——I 尊空调

主创设计 / 刘家华

设计团队 / 陈　芳　谭云龙　吴欢龙　李　亮　龙　腾
　　　　　权永生　曾　森　孙佳为　吴　昊

参赛单位 / 珠海格力电器股份有限公司

设计说明 / 灵感来源于高贵的汉服,将汉服衣领到衣脚富有张力的线条,运用到空调的机身上,整机以曲线为主,曲线设计贯穿始终,正面、侧面都非常流畅完整,甚至出风口也设计成了波浪式,以更好地诠释王者的大气华贵和空调的强劲性能。

机械式防水防电安全插座

主创设计 / 林世峰

设计团队 / 黎西静　彭海辉　聂新建　吴振中　邹福星
　　　　　邓　标　黄　程　陈金库　冯成胜

参赛单位 / 深圳市中科电工科技有限公司

设计说明 / 该产品防止儿童接触插座意外触电,防止水溅引起短路及意外触电,安全锁防止物体进入引发意外,最适用于浴室、厨房、桑拿房等潮湿场所,以及儿童空间、酒店、公园,老人或残障人士的居住场所。

KPR 摩托车

主创设计 / 邓有成

设计团队 / 刘建平　易小龙　孙力甲　温渝钢　马文彬　龚华明
　　　　　吴文友　覃　斌　杨剑锋　熊兆祥　张铿新

参赛单位 / 力帆实业集团股份有限公司　江门气派摩托车有限公司

设计说明 / 在设计上，随着国内外市场对 125/150/250cc 的日益需求，KPR150 是在审时度势之后精心设计的一款紧贴潮流的"全球车型"。在国内合资车系占主导地位的城市摩托车市场中，树立了纯国产背景车系的全新形象，是同类合资车型强有力的对手之一。

MINI 系列时尚小家电

主创设计 / 陈南飞

设计团队 / 李　莎　张继兼　赵　阳　周帅文
　　　　　冯家宝　冯金梅　林剑锋　刘　燕

参赛单位 / 珠海格力电器股份有限公司

设计说明 / 随着社会的发展，人口数量的不断增加，我们的居住空间日益狭小，"蜗居""蚁居"随之而来，作为家电制造商，该如何应对这一发展趋势？——MINI 系列时尚小家电应运而生。

D 玲珑饭煲

主创设计 / 蔡瑞沙
设计团队 / 李 莎 彭采华 张优美 胡国交 刘升生 傅债估
参赛单位 / 珠海格力电器股份有限公司

设计说明 / 时尚的外观夺人的眼球,具有亲和力的造型,合理的曲面和洁面的搭配,简洁光滑的外壳给人一种珠圆玉润的感觉。其次,创新显示屏采用了触摸传感器设计和显示屏一体化设计,相触屏无缝嵌入机身触摸显示,易于操作和清洁。第三,人性化的设计方便使用,易于维护,一体式光滑内锅以及可拆卸铝合金内盖,便于清洁。第四,才貌并重,堪比艺术品,放在厨房绝对是一道靓丽的风景线。

Goccia 健康检测仪

主创设计 / 曾 筝
参赛单位 / 深圳洛可可工业设计有限公司
　　　　　 北京国承万通信息科技有限公司

设计说明 / Goccia,意大利文,喻义水滴。产品整个造型紧扣设计理念,精致小巧,如纽扣般大小,全身无物理按键,所有零件浑然一体。忽明忽暗的光圈,营造了动态的水滴运动轨迹。

Goccia 是全球最小的可穿戴设备,用户可以将它佩戴在几乎所有你能想象的地方,无须烦琐手动切换,它不仅可以记录每天行走的步数和消耗的卡路里,优良的算法也适用于监测各种运动,同时帮助监测睡眠质量,可见光同步数据与智能设备及时沟通,无辐射让用户更加放心。

贝壳音箱

主创设计 / 苏炳运

设计团队 / 刘炳强　刘　颖

参赛单位 / 深圳洛可可工业设计有限公司
　　　　　广州米粒数码科技有限公司

设计说明 / 设计师从大自然的贝壳得到设计灵感,简约而不简单,时尚大方的扇贝形状构造,以扇贝圆润的线条打造简约造型,圆润造型与强劲有力的音质交错融合,打破传统音箱的一贯造型,准确表达出简约时尚的设计风格。

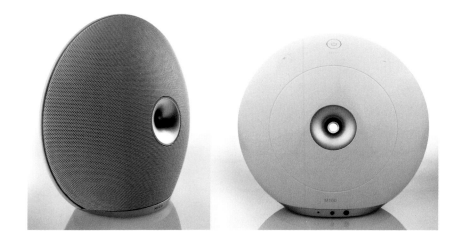

D 智能除湿机

主创设计 / 安永亮

设计团队 / 李　莎　阮　燕　彭采华　傅债估　张优美
　　　　　杨检群　梁勇超　安　智

参赛单位 / 珠海格力电器股份有限公司

设计说明 / 随着人们生活水平的提高,对空气湿度和质量也越来越重视,除湿机必将逐步成为家庭常用的家电器具。中国的除湿机市场处于起步阶段,市场前景大。现市场上的除湿机外观普遍低端,不能够满足人们对高端外观的审美需求。

此款中高端除湿机立足格力核心技术,大胆创新,对设计细节精雕细琢,特别是针对目前空气质量差的现状,整合了空气清新净化功能,充分体现了对消费者的人文关怀。

鱼跃 9F-3 制氧机

主创设计 / 李 强

设计团队 / 肖天宇 尹燕蛟 李 烨 温晶舟 杨燕来

参赛单位 / 深圳市无限空间工业设计有限公司

设计说明 / 以仿生的设计思路为切入点，抽象提炼宠物狗的形态，作为家用制氧机，仿生式的设计让产品更好地融入消费者的家庭环境，同时赋予产品以情感化的属性，拉近用户与产品的距离。该产品作为公司的旗舰型主打产品，亦已成为行业内的标杆性产品。

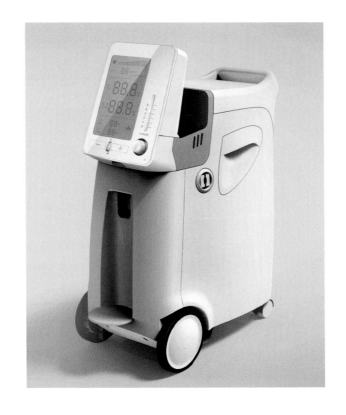

即热电水壶

主创设计 / 杨 超

设计团队 / 刘佩霞

参赛单位 / 广东美的集团生活电器事业部

设计说明 / 美的电水壶采用的是国家食品级不锈钢，是专门食品接触用的不锈钢，通过国家认证的《食品安全国家标准不锈钢制品》（GB9684-2011）卫生标准，食品级不锈钢材质中铅量更少，烧水更健康。而且它独有的温度条直观显示，让消费者看得更清楚；独有的定量出水功能，让消费者喝得更健康；独有的"自然保温系统"，4 小时可保持水温在 60℃以上，让消费者喝得更安心。

摄影师系列 GA8380.BBB

主创设计 / 汪　雯

设计团队 / 何培斌

参赛单位 / 飞亚达（集团）股份有限公司

设计说明 / 透明材质表盘、精细金属配件犹如快门等复杂的机械相机装置，透过盘面镂空去"洞"察机芯律动，宛若透过镜头去发现生活，去挖掘体验，去品尝回忆。底盖形神皆具地化身为"镜头"，把镜头低调珍藏在最贴近肌肤的地方。产品定义每个人都是自己生活里的摄影师。光影时刻变化，我们铭记过往，但从不停留。

VS640 红外热像仪

主创设计 / 吴继平

参赛单位 / 广州飒特外股份有限公司

设计说明 / 该产品采用了创新人体工学设计，其强大的操控功能结合全新的菜单界面，只需轻触按钮就可以操控这台机器。其红外光、可见光、激光和照明四通道技术亦是这台机器的一大优点。它的 5 寸超大可翻转触摸式液晶屏给用户提供最直接的操作方式。

SK150-10A 猛龙摩托车

主创设计 / 刘新华

设计团队 / 冯志远　刘健英　杨　赓　马海就　冯炎飞
　　　　　 程　磊　黄颂民　杜兆津　林云芳　陈永航

参赛单位 / 鹤山国机南联摩托车工业有限公司　五邑大学

设计说明 / 猛龙 SK150-10A 以轻盈跑车为主题,具有跑车的速度性
能与驾驶体验,同时区别于大型跑车,是一款突出轻盈驾驶的新生代
摩托车。

迈迪加智能睡眠监测器

主创设计 / 李　明

设计团队 / 陆　晏

参赛单位 / 深圳市嘉兰图设计有限公司

设计说明 / 迈迪加 S.Mat Lite 版睡眠监测仪是一款针对中青年使用
的家居睡眠产品。它打破传统的以手环、腕表为代表的体动分析模式,
采用非接触式监测,利用睡眠时人的静息状态进行监测,监测数据精
准而全面,同时会提供相关睡眠指导和建议。

产品操作极易简便,铺在被单下面,睡觉时人体上身压住即可,数据
同步至内置存储器,用户可通过 APP 查看。产品充电一次能工作一
月之久,真正做到让人不用操作而又能天天体检的目的。

半自动专业压力咖啡机

主创设计 / 何智雄

参赛单位 / 广东新宝电器股份有限公司

设计说明 / 顶部带温杯功能，让你制作咖啡的时候更方便，免去温杯步骤。带有蒸汽管打奶泡功能，随时满足你制作各种各样的咖啡带，有可移动的接水盘，倒水更方便。

由于现在的手机是向上倾斜的，所以人也更容易看到固定漏斗的底座，而且固定底座设计成倒圆锥台，使装粉漏斗更容易找到固定位置。以往的类型总会出现难找到固定位置的问题，新设计能够很好地解决此问题。

四轴多旋翼无人机

主创设计 / 赵耀东

设计团队 / 郭胜荣　赵耀东　陈　浩　袁　攀

参赛单位 / 深圳市嘉兰图设计有限公司

设计说明 / 产品采用四轴方式，保证平稳起降，通过地面控制器控制飞行轨迹，同时具有将数据实时传输至手机端的功能；采用电池供电，续航时间可达 25 分钟；可拆卸螺旋桨及支架，挂载摄像模组，方便拆卸及维修；可靠的风道设计，保证悬臂处掉条组件的良好散热。

SKYWORTH-E900U 电视

主创设计 / 彭丽媛

设计团队 / 汪正贤　陈志勇　何　莲　张晓辉　任廷明
　　　　　 高华明　李和春　陈李星　张新华

参赛单位 / 深圳创维 -RGB 电子有限公司

设计说明 / 这款电视主要针对高端人士,这类人群喜欢在家里享受视觉大片,他们对音质的追求特别高,同样对画面色彩以及画面的分辨率要求也很高。

E900U 正好满足了他们的需求,全色域高分辨率让其享受高品质画面,分体 2.0 环绕式音质可与专业音响媲美。另外 E900U 内置酷开系统,是继电脑、手机、iPad 平板电脑操作系统之后的第三类操作系统。用户可以一边看电视,一边进行节目单查询和下载 APP 之类的操作。

四叶草系列 LA8462.GWSS

主创设计 / 何培斌

设计团队 / 揭　明　吴　难

参赛单位 / 飞亚达(集团)股份有限公司

设计说明 / 该产品引用了四叶草的花语:幸福。寓意一起寻找并拥有四叶草的幸福。四叶草四片叶子包含了人生梦寐以求的四样东西:名誉、财富、爱情、健康。

悦达激光投线仪

主创设计 / 陆 晏

设计团队 / 张浩崇　任 安

参赛单位 / 深圳市嘉兰图设计有限公司

设计说明 / 本产品为有三防功能的五线投线仪。通过对品牌历史及企业文化的了解，我们将悦达品牌形象重塑，赋予其有内涵、稳重、沉淀的品牌意义，并根据此形象设计全新系列投线仪产品，使得产品品牌从外在形象到内在品质得到统一。

商用净水机

主创设计 / 刘佳池

设计团队 / 黄　辉　李　莎　陈光宇

参赛单位 / 珠海格力电器股份有限公司

设计说明 / 格力商用净水机采用四级精滤，高效去除细菌、重金属，滤出新鲜纯净水；大流量设计，满足更多用水需求；采用隐藏式水路专利技术，即制即饮，水质更新鲜。

Q200 全封闭超薄壁挂式空调

主创设计 / 白　冰

参赛单位 / 广东美的制冷设备有限公司

设计说明 / 美的全封闭空调采用了全封闭一体结构，当空调关闭时，室内机被包裹得严严实实，全封闭式的设计让灰尘无处进入，而当开启空调时，空调就会自动地滑动面板，伸出双向伸展式导风翼，冷暖双气流，强劲、快速地控温。

"捍卫一号" 个人车载防暴器

主创设计 / 刘　伟

设计团队 / 老柏强　谢志纯　李俊超　陈日伟　张从佳　卢嘉勇

参赛单位 / 佛山市顺德古今工业设计有限公司　佛山市尖刀连营销策划有限公司

设计说明 / 车载防暴器是一款具有电机防卫、强光防卫、蜂鸣警报、户外照明、应急爆闪灯、应急破窗锤、应急断绳刀、车载充电、磁铁功能、电量提示十项功能的车载防卫产品，该产品能提高驾驶人员行车的个人安全性，并在驾驶员遇到汽车故障、遇袭和受到他人威胁时发挥警示防卫和求救功能。

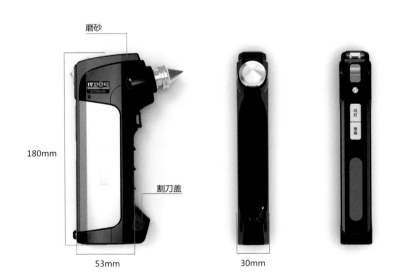

金洹粪便分析仪

主创设计 / 李　强

设计团队 / 肖天宇　尹燕蛟　李　烨　温晶舟　杨燕来

参赛单位 / 深圳市无限空间工业设计有限公司

设计说明 / 作为医用分析类产品，通过穿插的几何形体、有节奏的线条，使产品既符合医院的使用环境又不失科技感，低调又不失细节。通过颜色将产品的功能操作区划分出来，直观并能提高工作效率。项目难点在于要保证整机的造型与上部主机拆分后单独使用的美观性，同时要兼顾内部运动传输与外部物料交换等人机交互。其次在于正面的两个运动的门及传输机构。通过几何形体的穿插形式使整机与主机单独分开后仍是统一的设计语言，大部用钣金折弯工艺，有效降低了生产成本。

两侧双层双变容式展示车

主创设计 / 麦源超

设计团队 / 游　波　仇登伟　邓浩景　黄坚烽

参赛单位 / 江门市壹德设计工程咨询有限公司

　　　　　广东信源物流设备有限公司

　　　　　佛山市顺德区和壹设计咨询有限公司

设计说明 / 两侧双层双变容展示车是新型高端专用汽车产品，其主体为变形金刚结构，在液压系统和电控系统的控制下，可纵向、横向自动扩展，扩展后构成面积达110平方米的双层封闭空间，车厢内配置供电系统、照明系统、专用设备、体验设备，分为产品展示、品牌宣传、商务洽谈等功能区域，可满足大型产品展示、品牌推广、商务洽谈的需求。

高端旗舰净饮机

主创设计 / 张法娟

设计团队 / 叶惠颜　马张华

参赛单位 / 佛山市形科工业设计有限公司
　　　　　沁园集团股份有限公司

设计说明 / 净饮机采用模块化滤芯设计，更换滤芯更轻松。智能显示屏让工作状态一目了然。自动、手动加水，可选内排放和外排放，使用场所无限制，满足不同场所需求。采用智能滤芯监控，各种异常及时报警，使用更安全更放心。制热水能力：≥ 90℃ 20L/h，无热胆加热，3~10秒即速加热，使用更节能。双反渗透膜，水质过滤更精纯、更快速。具有定时开关机，一键清洗功能，清洗更方便。满足冷水、温水、冲奶、泡茶等不同需求，制冷水能力：≤ 15℃ 0.8L/h。

多功能模块化旅行箱

主创设计 / 黄　骁

设计团队 / 黄锦沛　翁茂堂　谢怀林　黄一帆　朱冬红　李伟龙

参赛单位 / 江门市丽明珠箱包皮具有限公司　五邑大学

设计说明 / 多功能模块化旅行箱，整个箱体由两个模块组成，两个模块之间是通过拉链组合在一起，这个箱子主要是针对出行回来物品较多的人群，当物品多的时候可以把箱体上连接的拉链打开，分为一个简易的小拖车和一个休闲背包，这样就可以一次载更多的东西，而且每个模块可单独使用，大大增加了箱体的利用率。整个箱体的造型、简洁休闲大方，适合大众使用。

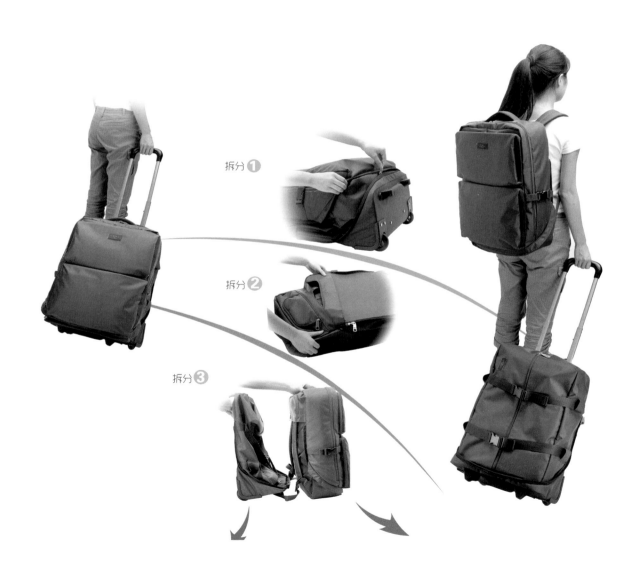

拆分 ❶

拆分 ❷

拆分 ❸

概念机车

主创设计 / 续　骏

设计团队 / 李小威　李　成　康嘉泓　雷小冬　王子俊　吴永军

参赛单位 / 佛山市顺德区几何创意设计有限公司

设计说明 / 机车具有自动适应路况感应系统, 可以随路况的不同随时做到升降车架, 既可以在沥青公路上飞驰, 也可以满足坑洼泥泞、高低不平的路况所需的通过性。通过行驶中的震动幅度和强弱来适应调节车架的高度。

前双轮设计加上后超宽轮胎设计的机车, 令行驶更加稳定, 停车不会侧倒, 更加放心和方便。根据行驶的需要, 自由调节前轮之间的距离, 给行驶者提供更加稳定或更多的弯道乐趣体验。

视频监控综合测试仪

奖项类别 / 生产与装备类

主创设计 / 梁志亮

设计团队 / 袁文雪　容宇声　温坚灵　邓桂浩　黄锦峰

参赛单位 / 广州市沅子工业产品设计有限公司

X 交叉折叠自行车

奖项类别 / 运输与交通类

主创设计 / 袁金国

设计团队 / 詹富生　陆新泰　陈启江

参赛单位 / 佛山市雷德尔创意科技有限公司

　　　　　　佛山市三水深泰五金塑料制品有限公司

太阳能智能环保箱

奖项类别 / 公共与办公类

主创设计 / 倪国生

设计团队 / 刘振勇　林华宾　丁　武　范绍西　林洪辉　揭育和　吴　昊

参赛单位 / 珠海华通科技有限公司

HIFI-Vase 蓝牙花瓶音响

奖项类别 / 家电与视听类

主创设计 / 王旺瑞

设计团队 / 蔡洪发

参赛单位 / 深圳市印象科技有限公司

Brilliant 纯蒸炉

奖项类别 / 家电与视听类

主创设计 / 胡义波

设计团队 / 梁文淦　Kim Jaehan

参赛单位 / 广东美的厨房电器制造有限公司

西式小家电系列

奖项类别 / 家电与视听类

主创设计 / 林麒荣

设计团队 / 黄荣禄　赵绍帅

参赛单位 / 广东德豪润达电器有限公司

TCLA71s-UD 智能互联网电视

奖项类别 / 家电与视听类

主创设计 / 韦艺娟

设计团队 / 刘　洋　杨旭光

参赛单位 / TCL 集团创新中心

36QMA65048 独立式大烤箱

奖项类别 / 家电与视听类

主创设计 / 于有荣

设计团队 / 周宗旭　吴自朋

参赛单位 / 广东美的厨房电器制造有限公司

超能多功能锅

奖项类别 / 家电与视听类
主创设计 / 程坤明
设计团队 / 蔡　雷　李光林
参赛单位 / 广东德豪润达电器有限公司

X7 智能微波炉

奖项类别 / 家电与视听类
主创设计 / 童志宏
设计团队 / JOSHUA　梁文淦　SONIA　陆　维
参赛单位 / 广东美的厨房电器制造有限公司

绿色分享型咖啡机

奖项类别 / 家电与视听类
主创设计 / 许　彬
设计团队 / 闵文军
参赛单位 / 佛山市顺德区宏泽电器制造有限公司

茶饮机

奖项类别 / 家电与视听类
主创设计 / 曹　斌
设计团队 / Jeff　蓝子洋　覃　越　余诺恩　郑颖时　欧耿鹏
参赛单位 / 中山市优力加设计有限公司

"不用弯腰看火燃气灶"简便多用途炉灶

奖项类别 / 家电与视听类

主创设计 / 赵　磊

参与团队 / 黄先华

参赛单位 / 广东顺德东方麦田工业设计有限公司

秀衣—晾衣空调

奖项类别 / 家电与视听类

主创设计 / 李　雯

参与团队 / 李　博

参赛单位 / 广东美的制冷设备有限公司

T 系列微波炉

奖项类别 / 家电与视听类

主创设计 / 杨雪城

参与团队 / 胡嘉恒

参赛单位 / 广东格兰仕微波生活电器制造有限公司

文椅

奖项类别 / 家具与用品类

主创设计 / 罗德辉

参与团队 / 杨友良　罗存悦　谢木舜　刘明亮　黄楚碧　翁小凤

参赛单位 / 深圳市创豪家具有限公司

未来家园

奖项类别 / 家具与用品类

主创设计 / 陈温泉

参与团队 / 寇艳华　张　瑞　磨新东　崔锦周

参赛单位 / 广州尚品宅配家居股份有限公司

智能声控晾衣架

奖项类别 / 五金与卫浴类

主创设计 / 黄安川

参与团队 / 任慧芳　廖建华　陈南生　谢吉茹

参赛单位 / 广东好太太科技集团有限公司

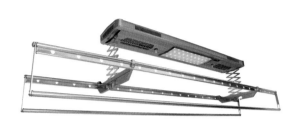

ALICE 系列浴室家具

奖项类别 / 五金与卫浴类

主创设计 / 梁红铃

参赛单位 / 佛山市高第浴室设备有限公司

风漪系列浴室柜

奖项类别 / 五金与卫浴类

主创设计 / 霍成基

参赛单位 / 佛山市浪鲸洁具有限公司

M701 远程遥控浴缸

奖项类别 / 家电与视听类

主创设计 / 霍成基

参赛单位 / 佛山市浪鲸洁具有限公司

电动轮椅床

奖项类别 / 医疗与健康类

主创设计 / 杨维刚

参与团队 / 马弘益　詹益峰

参赛单位 / 深圳市海维海工业设计有限公司

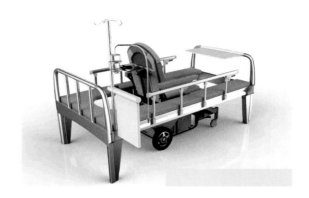

胸部护理仪

奖项类别 / 医疗与健康类

主创设计 / 陈　科

参与团队 / 范　杰　黄壁锋　周慧琳　莫树竟

参赛单位 / 深圳市路科创意设计有限公司

2016

第八届"省长杯"获奖作品

比赛流程
Competition Process
2016

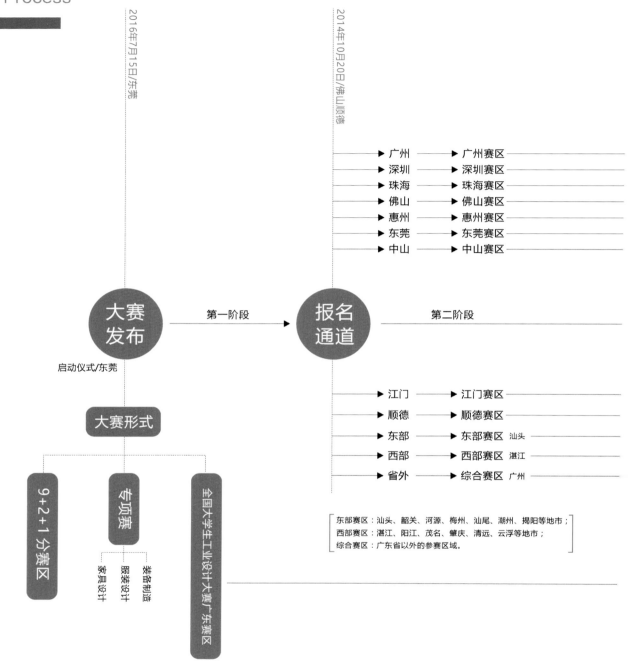

2016年7月15日/东莞

2014年10月20日/佛山顺德

大赛发布

第一阶段 → 报名通道

第二阶段

启动仪式/东莞

大赛形式

9+2+1 分赛区

专项赛

装备制造

服装设计

家具设计

全国大学生工业设计大赛广东赛区

▶ 广州 ———— ▶ 广州赛区
▶ 深圳 ———— ▶ 深圳赛区
▶ 珠海 ———— ▶ 珠海赛区
▶ 佛山 ———— ▶ 佛山赛区
▶ 惠州 ———— ▶ 惠州赛区
▶ 东莞 ———— ▶ 东莞赛区
▶ 中山 ———— ▶ 中山赛区

▶ 江门 ———— ▶ 江门赛区
▶ 顺德 ———— ▶ 顺德赛区
▶ 东部 ———— ▶ 东部赛区 汕头
▶ 西部 ———— ▶ 西部赛区 湛江
▶ 省外 ———— ▶ 综合赛区 广州

东部赛区：汕头、韶关、河源、梅州、汕尾、潮州、揭阳等地市；
西部赛区：湛江、阳江、茂名、肇庆、清远、云浮等地市；
综合赛区：广东省以外的参赛区域。

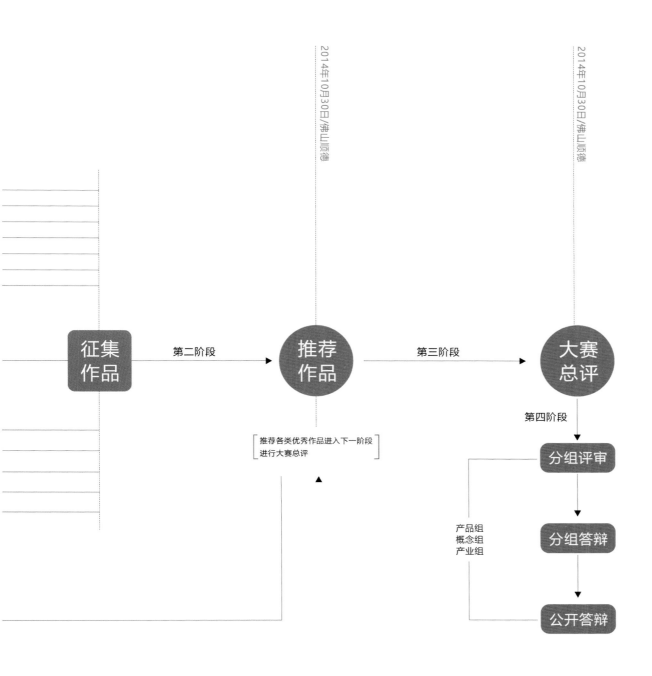

征集作品 → 第二阶段 → 推荐作品 → 第三阶段 → 大赛总评

2014年10月30日/佛山顺德

2014年10月30日/佛山顺德

推荐各类优秀作品进入下一阶段
进行大赛总评

第四阶段

分组评审

分组答辩

公开答辩

产品组
概念组
产业组

2016 第八届"省长杯"
竞赛评委(专业评审委员会常任委员)

童慧明 汤重熹 杨向东 丁长胜 丁 宁 付建平 叶国富 汉诺 凯霍宁(芬)

石振宇 刘 振 胡启志 桂元龙 李家玉 余少言 肖 宁 罗 成 陈 江

张 帆(广汽) 张 帆(硕泰) 苏启林 张建民 陈县声 陈 炬 周红石

姚 远 柳冠中 余少言 胡 飞 徐印州 黄启均 廖志文 魏祁蔚 王克付

本届综述及奖项
Review and Awards

2016

服务广东制造，驱动转型升级
——第八届"省长杯"大赛回顾

2016年12月3日，在隆重的第八届"省长杯"工业设计大赛颁奖典礼上，在众人期盼的目光中，在媒体追逐的闪光灯的映射下，当原广东省省长朱小丹、原广东省副省长袁宝成把本届大赛的奖杯授予设计师的刹那，省长向设计师握手道贺的一瞬，历时5个多月的广东省第八届"省长杯"工业设计大赛三项最高荣誉——"钻石奖"尘埃落定，第八届"省长杯"工业设计大赛圆满落幕。

第八届"省长杯"工业设计大赛创造了一个令人惊讶的新纪录——共收到参赛作品20 470件！汇聚了两万多个智慧的结晶，涉及的人，加上他们的团队，以及作品和作品团队背后许许多多不知姓名的人有多少，五万？十万？二十万……或许没有人能说得清楚这个数据。但，我们深刻明白，"省长杯"，这个广东在全国开先河的设计作品评价制度，如今已深入人心，尤其在产业界，获得了越来越多的关注与响应，获得了越来越多的支持与参与。从单一产品界别到产品、概念和产业界别的构成，从省内向省外乃至国外的开放与扩展，从上届8 549件到今天20 470件参赛作品，"省长杯"大赛所承载的使命与价值，已越来越在广东甚至超出省域范围获得认同和认可。

我们不能忘记雕琢"钻石"的工匠们，不能忘记千千万万个在设计创新领域长期拼搏的、不同职业的人们。成功的产品和设计，倾注了太多人的努力和心血，凝聚了太多人的智慧和创造。我们要记取的是，这个世界不仅仅需要钻石——世界所以丰富，是因为多彩、多姿和多元。没有最好，只有更好，是工业设计的核心追求。所有的获奖作品都是优秀中的优秀，所有的参赛

第八届"省长杯"工业设计大赛启动仪式上，广东省经济和信息化委员会（以下简称"省经信委"）副主任何荣做动员讲话。

作品都有其特点，都有其价值。它山之石，可以攻玉。任何优秀抑或不那么优秀的设计作品，或者学习，或者分析，或者借鉴。它们的思考、方法和路径，能打开我们设计思维的脑洞，在日新月异和日益倡导创新的今天，为社会、为产业、为企业、为我们每一个人，都能够带来全新的收获与价值。

我们把日历翻回到2016年7月份，甚至更早。

在广东业已实施的大力推动工业设计发展"三化"战略基础上，2016年进一步完善为的产业设计化、设计产业化、人才职业化和发展国际化的"四化"战略，开放办赛、办展，成为主管部门对赛事及有关活动策划的一项重要要求。第八届"省长杯"工业设计大赛第一次将"本省范围"的限制解除，欢迎省外乃至国外所有优秀设计与广东优秀设计同台竞技，从中寻求发展与合作的机遇。为此，本届大赛在赛制设计方面，在上届分赛区设置的基础上，继续保留珠三角主要城市作为分赛区，并且增设东部赛区和西部赛区，将赛区延伸至广东西部、东部和北部，赛区联动机制第一次覆盖了全省；在原有的家具、服装专项赛的基础上，因应广东省委、省政府珠江西岸装备制造产业带建设的战略，增设装备制造设计专项赛；在奖项设置方面，在概念、产品和产业三个组别分设最高奖"钻石奖"，其余主要奖项将以金、银、铜奖命名，特设"国际合作奖""绿色设计奖"等单项奖。同时，为了适应时代和工业设计自身发展的趋势，也为了引导工业设计通过"跨界"碰撞出创新设计的新火花，广东工业设计活动周从本届开始正式更名为"广东设计周"。

2016年7月20日，在东莞举办大赛启动仪式，十二个分赛区和三个专项赛全面启动，大赛专业指导委员会、专业评审委员会及仲裁委员会等三个专业机构随即成立。受袁宝成副省长委托，省政府副秘书长钟旋辉出席了大赛启动仪式并做讲话。2016全国大学生工业设计大赛、重庆"长江杯"、山东"省长杯"、福建"海峡杯"等联动赛事的对接工作也全面展开。

2016年10月20日，大赛所有分赛区、专项赛的作品征集、评审、总评推荐推送工作全部完成。其间，大赛承办单位组织开展了十余场"大赛走进赛区"的活动，对分赛区及专项赛的组织发动、宣传推广、赛事评审等工作进行辅导、指导。

2016年11月1日，由全省各赛区、专项赛、全国大学生大赛（广东赛区）和综合赛区分别评选产生的1328件设计作品齐聚佛山市顺德区北滘市民中心展厅。其中概念组560件，产品组719

第八届"省长杯"工业设计大赛在东莞启动，来自省政府、省经信委、省教育厅、省财政厅、省人社厅、省工业设计协会与世界绿色设计组织、中国工业设计协会的代表共同启动大赛装置。

启动仪式上，独特的真人雕塑表演吸引了参会者。

广东设计代表团造访比利时，与国际设计组织及比利时有关机构一道探讨"省长杯"国际化的合作模式。

在唐山举行的中国－中东欧国家博览会上，第七届"省长杯"获奖作品亮相。图为工作人员向原广东省副省长何忠友介绍产品设计特点。

上图：2016 年 7 月，全省各赛区和专项赛相继举行启动仪式或"省长杯"宣讲活动。图为东部赛区在汕头的启动仪式。
左下：芬兰著名设计师汉诺·凯霍宁出席了佛山赛区举办的"省长杯"宣讲会。
右下：江门赛区在全市范围举行了赛区仪式，还把宣讲会开到了市属各区（市），乃至产业集群和重点企业。

件，产业组 49 件。来自全省各地的数十名设计学者、产业专家、知名设计师，作为大赛评委，在这里进行为期 3 天的作品总评审和选手答辩工作。

2016 年 11 月 7 日，第八届"省长杯"工业设计大赛总评公开答辩会举行。广东省教育厅、省科技厅、省人力资源社会保障厅、省总工会、团省委、省新闻出版广电总局和省知识产权局等派出代表，南方日报、南方都市报、广州日报、顺德电视台等十余家媒体进行了现场采访和报道，大赛主、承办单位代表，产业界、设计界、金融投资界和部分媒体代表与他们一道见证了本届大赛最优秀作品脱颖而出的过程——在 5 天前的总评中，共有产品组 14 个作品、概念组 8 个作品和产业组 8 个项目获得公开答辩会的"入场券"。30 个参赛作品（项目）通过作品陈述、视频讲解和实物操作等多种形式，设计师以最佳的面貌和状态面向"苛刻""挑剔"的评委专家们。评委专家们则在组委会、仲裁委、媒体和公众面前，以专业的素养、严谨的作风、公正的态度，为每一件设计作品、每一个设计团队评出最终成绩。

2016 年 12 月 2 日，全部获奖作品亮相广东工业设计展。12 月 3 日，朱小丹省长、袁宝成副省长以及世界绿色设计组织执委张琦、国家工信部工业文化发展中心主任罗民，由省经信委主任赖天生、副主任何荣陪同，在出席大赛颁奖仪式前，巡馆视察了广东工业设计展，重点听取了"省长杯"主要获奖作品和项目的介绍。

得益于赛事制度的改革和创新，得益于省委、省政府的高度重视，主、承办单位的密切协同和精心组织，并通过政府部门、行业组织系统的辐射，使得大赛能迅速建立起有效的组织发动网络，集聚了不限于广东省的设计资源，在产业层面获得了积极响应，其影响也扩展至省外和境外。大赛取得显著成效和突破，具体表现为几个方面：一是参赛数量创新高，较上届增长 140%。二是开放办赛有突破。首次设立面向境外、省外的综合赛区，有来自德国、芬兰、日本、澳大利亚等国家和中国香港、台湾地区以及外省的 728 件作品参赛。大赛承办单位与世界绿色设计组织、美国工业设计师协会签署了合作协议，大赛评选出的绿色设计奖作品将直接参评"世界绿色设计奖"。三是装备制造异军突起。

配合省委、省政府推进珠江西岸装备制造产业带发展战略，新设"装备制造专项赛"，共有1 470件装备制造作品参赛，其中44件获得奖项，占获奖总数的19%，涌现出一批像无人机、机器人等代表先进装备制造水平的优秀工业设计作品。四是"双创"项目表现突出。在获得金奖以上的20件作品中，属于"双创"项目的达到7件，占获奖总数的35%，充分体现了工业设计作为创新创业的重要路径，在我省创新创业战略中发挥了重要作用。

2016年12月2日，第八届广东设计周广东工业设计展在广州保利世贸博览馆举行。展览以全新的展览形式、合理的内容分区、丰富的展品结合演示与互动体验，显示出工业设计内涵的丰富和外延的扩展，展现了工业设计的发展以及与相关产业进一步融合的成果。在展览面积与上届相同的基础上，展品数量达到1 300件（组）以上，增加了30%；而关键则是展品涉及范围的扩展、设计水平和品质的提升。展区亮点包括"省长杯"获奖作品（含家具和服装专项赛获奖作品），第一次设置并展示的"装备制造专项赛"展区，因应"发展国际化"而整合资源设置的"国际化和跨境合作成果"以及"大学生赛作品"等展区，展区主题和形象的凸显、展品的丰富程度，获得了广大专业观众的关注和好评。设计展取得圆满成功，朱小丹省长对此高度评价：一届比一届好。他进一步强调：设计方面长足的进步支撑了"创新驱动发展"，尽管我们起步晚，但现在是工业设计大发展、大突破、大提升的一个关键阶段，要把方方面面的力量组织起来。水平的提升、涉及领域的加宽、国际合作的紧密度加强，给省长留下深刻印象。省长寄望在工业设计漫长的发展道路上，我们要一步步追赶世界先进设计水平。

与展览同期，第八届广东设计周期间，还举办了一系列内容丰富、专业性强、业界和社会参与程度高的设计活动。其中，工业设计峰会创新设计国际论坛、国际设计学术会议、"设计＋金融"成果对接会等活动，组织准备工作充分，参与各方积极配合，流程合理，现场氛围及效果良好。特别是国际设计学术会议和"设计＋金融"成果对接会活动，前者第一次在省内征集了100篇来自一线设计师、高校师生以及相关领域的学术论文和设计研究报告，短时间内编排、印制了论文集，部分优秀论文作品以学术会议的形式宣读、点评和进一步传播，为设计界广泛开展理论思考、经验总结、案例分析和知识转移，奠定了基础；后者旨在推动大赛创新成果和创新项目的产业化落地，导入省内外知名创投、风投等金融机构，寻求项目合作，为项目提供顾问式建议，进行了有益的全新尝试，为搭建创新成果产业对接落地平台积累了经验。上述几场会议活动，获得了各类媒体的主动关注，通过各种媒体平台加以传播，其影响面已扩展至展场之外。

在"设计广东"的旗帜下，为配合与衔接广东设计周，在全省各地，同期还开展了各类相关专业活动，包括各赛区的总评和颁奖、展览展示、设计对接、论坛研讨，等等。其中，从12月2日延续到9日的顺德区"中国设计活动日"，以"新起点、再跨越"为主题，以创新项目发布、高端主题论坛、国际奖项展示、设计大赛创新成果路演、双城联动为活动框架进行策划组织。12月9日，设计周的最后一天，也是"中国设计活动日"的高潮——在广东工业设计城，清华国际艺术·设计学术月暨2016年中国工业设计北滘论坛协同设计工作坊迎来了来自海内外高校的师生设计团队，这一天，中外工作坊导师为全部工作坊的最终成果进行评判和颁奖。

如果说，第八届"省长杯"大赛和广东设计周取得了圆满成功，整合资源、创新方式的宣传推广工作立下了汗马功劳。传统媒

在惠州赛区启动仪式上，惠州市经济和信息化局有关领导赛前动员。

西部赛区在湛江市举行"省长杯"大赛工作会议。

部分专家参与"省长杯"宣讲团工作，图为高级工业设计师廖志文在梅州的宣讲。

体结合自媒体的协同推广，与东莞设计双创周、广州小蛮腰科技创新论坛以及省外赛事的互动，各赛区与相关地市竞赛的融合，赛事辅导与大赛进集群活动相结合，对大赛产生广泛影响和调动参赛热情，具有不可估量的意义。开展"我与省长杯的故事"视频网络征集活动，对大赛的优秀参赛作品进行网络投票和展示，充分发挥了互联网、网络媒体、APP和自媒体的优势，有力地推动了大赛宣传和设计周宣传在深度和广度上的提升。

如果说，第八届"省长杯"大赛和广东设计周取得了圆满成功，肯定与各分赛区重视程度提升、组织落实到位有关，与各专项赛事的充分准备、积极协同有关。大赛和展览筹备期间，省工业设计协会和省家具协会、省服装服饰行业协会、省采购与供应链协会、广东轻工职业技术学院、广州美术学院、广东工业大学、大

学生工业设计大赛组委会等单位和部门一道，克服时间短、任务重的困难，实现了参赛作品数量和质量的跨越，实现了设计展11 000平方米的全场特装展示，展品数量、质量、展区呈现效果都较上届有明显进步。

如果说，摘取了"钻石奖"的3件设计作品（项目）是本届大赛最大的"赢家"，我们更愿意说所有的参赛者你们都是"赢家"，不论获奖与否，在过程中你们获得了锻炼，在结果中你们看到了目标；所有的参与者你们也都是"赢家"，是我们齐心协力，撑起了设计创新的一片蓝天，是我们大家用各自的力量，为产业转型升级，为美好生活的创造，发声、尽心，发光、尽力。

上图：总评评审现场。
左图：评前工作会议现场。
中图：分组评审现场。
右图：在总评分组答辩上，评委和参赛设计师探讨设计作品。

左上：承办单位参加广州市工业设计行业协会会员大会，在会上与广州市工业和信息化委员会领导一道进行"省长杯"参赛动员。
左中：珠海赛区大赛动员大会。
左下：为了更好地动员参赛，同时在产业内普及工业设计知识，清远市邀请承办单位及有关专家召开"工业设计走进清远"培训讲座。
中上：全国大学生工业设计大赛广东赛区评审结束后，评委合影留念。
中中：中山赛区作品评审现场。
中下：综合赛区作品评审在广东轻工职业技术学院举行。
右上：参加江门赛区作品评审的评委们。
右中：顺德赛区作品评审现场。
右下：参加佛山赛区作品评审的评委合影。

从优良工业设计奖到"省长杯"工业设计大赛，从产品设计组到产业设计组，从分赛区到专项赛，从省内到省外，从赛制创新到成果对接，从作品评价到授予荣誉，"省长杯"工业设计大赛历经十余载，一步一个脚印，一点一滴积累，始终走在全国工业设计赛事和评奖活动的前列。感谢所有"省长杯"的参赛者、参与者、组织者、工作者，因为使命，因为热爱，因为付出，成就了"省长杯"的过去与今天。期望未来，我们仍然不忘初心，将"省长杯"培育成为"评价和奖励优秀设计、优秀企业、优秀人才"的重要标准和标志！

左一：总评公开答辩会上，各专业委员认真了解作品，与设计师展开互动，力求公平、公正地评出最优设计作品。
左二：总评公开答辩会现场。
左三：答辩设计师认真回答评委提出的问题。
左四：总评公开答辩会结束后，参赛团队设计师、评委专家与工作人员合影。
左五：2016年12月2—4日，第八届广东设计周暨广东工业设计展，在广州保利世贸博览馆举行。

中一：2016年12月3日，朱小丹省长、袁宝成副省长巡馆视察了广东工业设计展，重点听取了"省长杯"主要获奖作品和项目的介绍。
中二：朱小丹省长寄望：在工业设计漫长的发展道路上，广东设计要一步步追赶世界先进水平。
中三：在颁奖仪式上，袁宝成副省长为本届"省长杯"主要获奖项目的主创设计师颁奖。
中四：在颁奖仪式上，世界绿色设计组织执委张琦、工信部工业文化发展中心主任罗民分别为获得"省长杯"绿色设计奖、国际合作奖的设计师颁奖。
中五：第八届广东设计周工业设计展"省长杯"获奖作品展区。

右一：第八届广东设计周工业设计展"省长杯"获奖作品展区一角。
右二：广东工业设计展家具专项赛展区。
右三：广东工业设计展服装专项赛展区。
右四："省长杯"装备制造专项赛颁奖典礼。
右五：在广东设计周期间举行了各类设计活动。图为创新设计案例分享会的一角。

左上：评委在聚精会神地研究作品的设计特点。
右上：参与评审工作地日本设计师。
下图：大赛组委会成员单位、主办方领导与各界一起出席总评公开答辩会，见证本届大赛重要奖项的诞生。图为广东省经济和信息化委员会副主任何荣讲话，勉励设计师拿出最佳状态，把各自的作品表现好。

上图：朱小丹省长听取全国大学生工业设计大赛广东赛区的有关情况介绍。
下图：在颁奖仪式上，朱小丹省长将3座金光璀璨的"省长杯"钻石奖颁予3个设计项目的主创设计师。

附录：
广东省第八届"省长杯"工业设计大赛暨
广东设计周组织机构

主办单位：广东省经济和信息化委员会
支持单位：中国工业设计协会　世界绿色设计组织　工信部工业文化发展中心
组委会成员单位：
广东省教育厅　广东省科学技术厅　广东省财政厅　广东省人力资源和社会保障厅
广东省文化厅　广东省新闻出版广电局　广东省知识产权局　广东省金融办　广东省
总工会　团广东省委　广东省妇联
承办单位：广东省工业设计协会
协办单位：各地级以上市（含顺德区）经济和信息化部门　广东轻工职业技术学院
广东硕泰智能装备有限公司　广东搜罗信息科技有限公司
广东省服装服饰行业协会　广东省服装设计师协会　广东省家具协会
广州市工业设计行业协会　深圳市设计联合会　珠海市工业设计协会
佛山市智慧岛信息技术有限公司　惠州市工业设计协会　华南工业设计院
中山市工业设计协会　中山美居产业联盟　江门市创新设计院有限公司
广东工业设计城　汕头市工业设计协会　广东海洋大学　广州美术学院
相关单位：广东省采购与供应链协会　广东省轻工业协会　广东省制造业协会
广东省纺织协会　广东省建筑装饰材料行业协会　广东省包装技术协会
广东省建筑材料行业协会　广州大学　华南理工大学　华南农业大学
广州国际设计周组委会　广州市工业设计促进会　深圳市工业设计行业协会
东莞市工业设计协会　顺德工业设计协会　佛山市工业设计学会
中国厨房产业设计联盟　国际体验设计协会　深圳创意产业园
中山美居电商产业园　顺德创意产业园　广东工业大学　江门市工业设计协会
东莞市创意设计协会　江门市出口产品创意设计协会　江门教育装备产业基地
广州城博展览有限公司

组委会名单：
主　　任：袁宝成
副主任：钟旋辉　赖天生
成　　员：何　荣　胡振敏　钟小平　叶梅芬　张凤岐　杨　树　钱永红　谢　红
　　　　　倪全宏　陈宗文　张志华　罗　敏

大赛组委会办公室设在省经济和信息化委，承担具体工作是生产服务业处（成员：
谭杰斌　曾海燕　全在勤　卢振港　侯　彪）

广汽传祺 GS8

产品类别 / 运输与交通类

主创设计 / 但 卡

设计团队 / 高志强　李 钦　陈奎文　王 钫　王 炜　谭凤琴　汤潇健　王成旭　贺传熙

参赛单位 / 广州汽车集团股份有限公司汽车工程研究院

设计说明 / GS8是广汽传祺全新推出的一款七座中型 SUV（运动型多用途汽车），基于广汽跨平台模块化架构（G-CPMA）所打造。通过分析前沿的国际审美趋势与中国市场的独到需求，GS8将霸气威猛的外观与高档人性的使用体验相结合，不仅满足了驾驶者自我的超越、探索与释放欲望，也反映了中国人以家为核心的人文关怀。一直以来秉承着"外刚、内柔"的核心理念，有着"外刚"——霸气硬朗的外在观感，"内柔"——舒适高档的内在环境，还有宽敞灵活的空间布局和高效智能的交互体验。搭载硬朗高档的全新"凌云翼"家族语言和矩阵式 LED 前大灯与尾灯和全新 injoy 车载智联人机交互系统。

宽敞舒适的内部空间

在内饰上，GS8的形态与功能都围绕以人为本的原则展开设计，呈现与外观相反的"内柔"特征。内造型整体风格简洁高档，与外观的威猛相呼形成一定反差。在主流环抱式布局的基础上，整个座舱通过形态与线条在视觉上融合为"无缝"的整体，中控台与侧门连贯过渡，以整体化的形态包裹提升用户的驾乘安全感。优雅形态还需要结合考究的材质，共同打造贵气的内部空间。为此GS8在浅色内饰中采用了栗棕色与米色的颜色搭配，甄选花梨木纹饰板嵌入中控台与侧门，并在上方以细腻的哑光金色饰条点缀，整体氛围温馨自然；在深色内饰中则选用素雅黑与杏仁棕的颜色搭配，并采用抽象的墨韵木纹和银色饰条，为内饰增添些许现代气息。

手机无线充电

10.1英寸触控大屏

8的内饰在形态构成上以曲线为主，但是用户的使用空间并没有被牺牲性。中控台采用规整的对称式布局，使其大尺寸10.1英寸触控屏幕的同时，两侧还能为飞翼式空调出风口留下充裕的空间。在IP区域也以储物空间最大计前提，配备大尺寸多功能中央扶手箱。在乘坐空间上，GS8采用232式的座椅布局，并且融入灵活多变的结二排座椅不仅可以前后移动，还可以放倒，第三排则可以放平，营造宽敞多变的内部空间，使装载大件的物品松，为用户提供除了行李架之外的全新储物选择，也为日益多样化的高品质自驾出行提供保障。这种对功能性能使内饰显得更加大气，与威猛外观相呼应，也能为用户提供更加高效便捷的使用体验。规整的空间与流畅线GS8的内饰在功能性和美观性的整合上征服了新的高度

Dobot Magician

产品类别 / 教育与娱乐类
主创设计 / 吴志文
设计团队 / 汪金星　张　弢
参赛单位 / 深圳市越疆科技有限公司

设计说明 / Dobot Magician 是高精度 4 轴消费级桌面智能机械臂，采用一体化工业设计，拥有自主研发电机，能够实现 ±0.2 mm 的高精度定位和高稳定性，该机械臂具有吸取、夹取、写字画画、激光雕刻、3D 打印等多种功能。机器具备多终端控制、多扩展接口、集成图形化编程平台、二次开发预留等设置。这是一台面向创客、学生、家庭，甚至轻量工业级用户的高性价比智能机械臂。

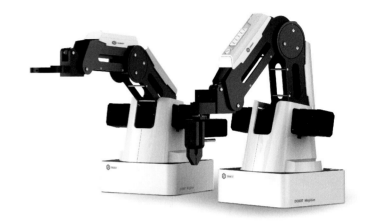

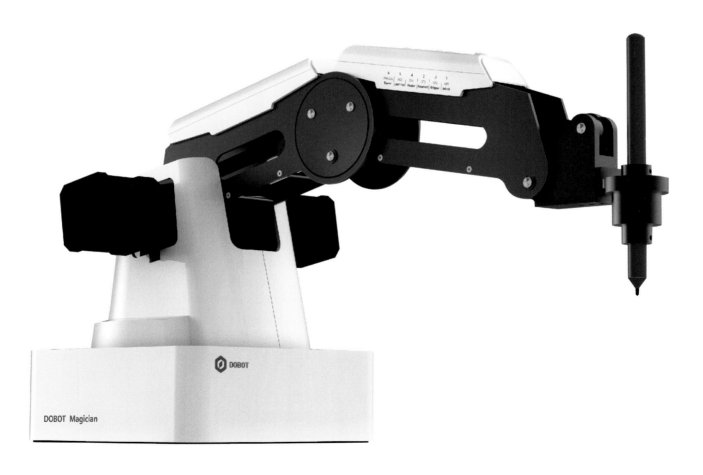

多用拼凳

产品类别 / 家具与用品类

主创设计 / 徐 乐

设计团队 / 翟伟民　张飞娥

参赛单位 / 杭州大巧家居设计工作室　浙江工业大学之江学院

设计说明 / 此产品是一款时尚简约的多用拼凳，面向 80 后蜗居一族。采用了原木以及透明亚克力作为材料，巧用传统榫卯结构（十字枨结构），整个产品无"金属连接件"，徒手便可轻松拆装。凳面正面安装时，是凳子；凳面倒置安装时，可以放置钥匙等小物件，不易丢失。产品造型简约、优雅时尚，扁平化的包装降低了运输成本，适合线上售卖的模式。

金刚豹 SK300

产品类别 / 运输与交通类

主创设计 / 刘新华

设计团队 / 冯志远　刘健英　杨　赓　马海就　冯炎飞　程　磊
　　　　　黄颂民　杜兆津　梁伟滔　陈　敏

参赛单位 / 鹤山国机南联摩托车工业有限公司

设计说明 / 中高端新生代旅行机车，自主设计与研发，拥有 7 项自主科技。四大配置：
铝合金材料、倒置减震、发动机冷水箱设计、前轮双碟刹系统，使整车具备赛车级的高
性能配置，整车经过了 2 万千米耐久测试、特技性能检测、超低温冷库测试，展现优越
驾驶性能。

mate3 智联烟灶锅

产品类别 / 电子与通讯类
主创设计 / 梁家劲
设计团队 / 黄先华　刘煜伦
参赛单位 / 广东万家乐燃气具有限公司　顺德东方麦田工业设计有限公司

设计说明 / 重新定义中式烹饪空间物与物、人与物的关系，烟机、灶具、锅为一个整体系统，烹饪的信息显示集中在最适合人眼观看的位置（烟机上），烹饪的操控集中在人手最舒适的操作位置（锅把手上），烟灶锅通过蓝牙智能互联，使用锅把可单手操控烟机、灶具，让烹饪更加便捷智能。

· 平衡烹饪过程中眼手分工，不再弯腰低头调火看火，不再抬手抬头调风量。
· 平衡烹饪过程中左右手分工，一手调风控火，一手专注烹饪。
· 将以往烹饪每顿饭的 35 次烟灶操作，减少为 0 次。
· 改变 90% 用户一直使用油烟机最大风量的习惯，只在爆炒瞬间使用最大风量，其余时间小风量就可满足烹饪，
　即安静又节能。

MB-PFZ3503 压力搅拌 IH 电饭锅

产品类别 / 家电与视听类
主创设计 / 陈倩妮
设计团队 / 尹逊兰　冯红涛
参赛单位 / 广东美的生活电器制造有限公司

设计说明 / 外观设计很好地契合了压力烹饪技术给人的高力量感。真空内胆设计灵感来源于保温杯的高能量保存能力，蓄热保热，热量不易散失，高热能让米饭焖出来更透沁香甜。结合当下简约品质的产品趋势，外观造型方中带圆，简洁明朗，纯平折面造型元素，体现出简洁又鲜明的造型层次，给人信赖感与力量感。

美的智能家居安防套装

产品类别 / 电子与通讯类

主创设计 / 陈少龙

设计团队 / 陈煜杰　陈锋明　苏美先　颜燕辉　杨伟鹏　梁嘉敏　徐鸣宇　李　澳

参赛单位 / 美的集团股份有限公司　　深圳市格外设计经营有限公司

设计说明 / 美的智能家居安防套装是家庭安全的守护神，提供综合家庭安全保障。美的智能家居系统提供了一个合适的家居环境"自动化安防"系列产品。产品类别包括门窗磁报警器、人体移动传感器、烟雾传感器和燃气泄漏探测器。简约风格的设计，适合任何室内不同的装修风格。安全舒适的解决方案，让消费者的生活空间变成智能安全家庭。

高景观儿童推车

产品类别 / 家具与用品类
主创设计 / 胡守斌
设计团队 / 吴泽坚
参赛单位 / 中山市乐瑞婴童用品有限公司

设计说明 / 高景观儿童推车采用全新的外观设计理念，造型十分时尚简约，独特多圆弧管件设计带给人高品质感和高安全感。拥有气液压自动收车系统，轻轻一踩，3 秒收车；车架与座位后脚同步折叠，携带方便；升级版前后轮防震，仿皮手把套；记忆功能手把，用后复位原档；手把三档位，适合不同身高的父母，不同角度推车。

气压棒辅助自动收车

气压棒

收车手把自动掉落

007 专业游戏鼠标

产品类别 / 电子与通讯类

主创设计 / 褚明华

设计团队 / 申　林　周瑜华

参赛单位 / 深圳市洛斐客文化有限公司

设计说明 / 007专业游戏鼠标满足专业级游戏需求，源于我们骨子里对于极致的追求，对于机械和改装的热爱。它拥有绝佳外观，象征力量和速度的机械感；强劲性能，全球顶级芯片和微动开关；卓越体验，人机合一；配件可拆换，无与伦比 DIY 乐趣磁铁吸附，方便快捷。3套配件，满足你全方位的游戏需求，不仅改变手感外观，兼具改变电子功能。

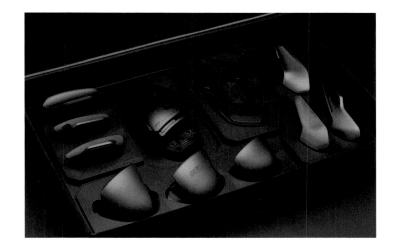

印系列骑行概念款手表

产品类别 / 服装与饰品类
主创设计 / 孙 磊
设计团队 / 高仍东 李梦捷
参赛单位 / 飞亚达（集团）股份有限公司

设计说明 / 该产品整体造型简洁硬朗，从内涵、形式和功能均展现出较强设计感。以城市骑行为主题，将城市建筑剪影置于盘面之上，圆盘形的小时指示代表时间之轮。为了增加操作便捷性，常规状态下逆时针旋转圈口便可以为机芯上弦。拆解下来的表头可以结合相配的底座，安放在自行车或桌面上，实现一表三用的功能，让时间时刻陪伴左右。

光纤切割刀

产品类别 / 生产与装备类

主创设计 / 邱　路

设计团队 / 顾天　罗兰勇　陈少廷　金　珺

参赛单位 / 深圳市浪尖设计有限公司

设计说明 / 光纤切割刀采用几何形态相贯为造型基础，线条干净简练，高端富有科技感，体积小，质量轻，使用方便。采用超高硬度刀片，刀片使用寿命长。产品具有光纤一步式切割功能、自动回位功能以及切断的碎光纤自动收集功能。光纤一步切割功能，极大地减少了使用光纤熔接机的烦琐步骤，适合单模或多模石英光纤的切割；更换光纤夹具，可切割多达 12 芯的带状光纤，解决了光纤切割断面不良、屡次切割不断、断面不整齐的问题。

茶方自赏——便携茶具

产品类别 / 家具与用品类

主创设计 / 黄　旋

设计团队 / 陈　生　陆盛晞　魏海利　何光平　杨晓丽　苏林峰

参赛单位 / 广东工业大学　东莞市光威家居用品科技有限公司

　　　　　广州深度沟通企业管理咨询有限公司

设计说明 / 茶方自赏——便携茶具，整体产品以传统茶文化为根基，融入现代极简设计美学理念，简化烦琐器具，冲泡技巧打造随行便携式茶具以满足现代人快捷、轻便的喝茶需求。让你我不受时间、空间、器具的束缚随时随地享受喝茶。整体产品浑然一体，随身携带，独特的"一体化"概念，将传统茶具精髓浓缩于娇小体积中，无比便携。设计侧重点为不同材料（金属、玻璃、陶瓷、塑料）混合搭配应用，诠释产品的 CMF（颜色、材质、工艺）混搭之美。

压缩性纸雨衣

产品类别 / 服装与饰品类
主创设计 / 邹一春
参赛单位 / 福建纸匠文化科技股份有限公司

设计说明 / 日常生活中，雨衣由防水布料制成，一般有胶布、油布、塑料薄膜等材料。这一类雨衣仅限于雨天使用，淋雨后风干时间比较长，质量也较大；在无法使用之时，难以处理，对环境造成一定的污染。压缩性纸雨衣以杜邦纸为材料制成，属于纸制雨衣，具有防水性，完全具备在雨天使用的功能。淋雨之后，轻轻一甩便可实现轻松脱水，减少风干时间，还可当成防晒衣、风衣使用。衣服上有口袋设计，在使用之时，可收纳物品；折叠收起之时，两个口袋可重合，收纳起整件雨衣。

智美移动式美妆魔镜

产品类别 / 医疗与健康类
主创设计 / 陈子杰
参赛单位 / 汕头市智美科技有限公司

设计说明 / 智美移动式美妆魔镜作为一款人工智能虚拟试妆商用设备，具备个性化专属匹配导购系统，同时具备极强的便携性，尤其适用于最新的美业O2O（线上线下结合）上门服务等应用场景。魔镜运用高级人工智能、机器视觉、人脸识别、神经网络机器学习等人工智能技术，以及云计算、大数据等个性分析匹配技术，实现妆容、发型、饰品、服饰、美甲五合一虚拟试妆。虚拟体验效果同时对应现实产品，搭配电子商铺及O2O智能POS（销售终端），可一键完成虚拟体验、个性化导购、产品购买及支付，实现从体验到销售一体化闭环落地。智美移动式美妆魔镜的出现，不但解决顾客试妆困难的问题，更是提升彩妆销售的下一个制胜点。

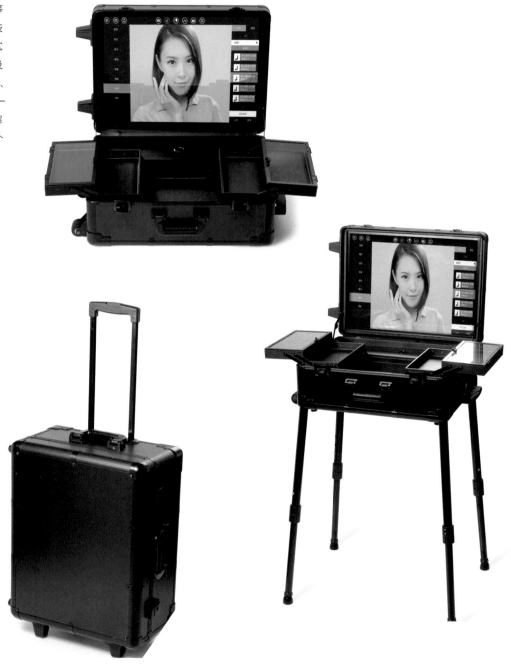

小丑平板式概念水冷机箱

产品类别 / 家电与视听类

主创设计 / 刘方伟

设计团队 / 银步青　张雄杰

参赛单位 / 东莞市尚同工业设计有限公司　东莞职业技术学院

设计说明 / 该产品是一款水冷机箱，拥有独特平面二维纤薄设计：主板与显卡贴合机箱背部安装，两位一体呈现在一个平面和维度，致使机箱整体厚度减薄的同时，将所有的硬件有序地条理化安排。其次，显示器挂载设计，一体化机箱和显示器，不仅节省空间，而且这时机箱不再只是电脑设备，更是桌上的艺术品。二维平面水冷走线，将硬件安装纬度从三维降低到二维，没有三维状态下的凌乱走线，二维平面水冷更加简单而美丽，是立体水冷效果所不能媲美的。

"MEN"

产品类别 / 服装与饰品类
主创设计 / 赵梦葳
参赛单位 / VSC 服饰 & 形象私人定制工作室

设计说明 / 主题 "MEN" 灵感来源于一部 "王牌特工" 的电影，一位英国绅士与美国嘻哈少年同框的画面。"对冲" 是 "MEN" 的概念，将英伦文化、精致生活方式和美式文化、随性生活方式的对冲，西式服装结构加入中国元素的对冲，流露在两个系列中。系列一 "先生们" 注重板型、结构、裁剪，运用浅粉、湖绿、橘红等明亮色调，将宋朝赵佶的狂草千字文、祥云、仙鹤图设计在丝巾、口袋巾、绣花及对襟盘扣上。系列二 "男孩儿们" 剪裁舒适、宽松、随性，系列以黑白灰为基调加入迷彩，运用特殊印花工艺将狂草千字文、仙鹤等中国元素与流行元素混搭，以男装女穿的概念进行表现。

双音柱超薄电视机设计

产品类别 / 家电与视听类

主创设计 / 任　威

设计团队 / 谢金成　周志聪　谢克诚　贺智骅　冯智刚　吴　疆　刘金涌

参赛单位 / 广州毅昌科技股份有限公司

设计说明 / 双音柱超薄电视机采用无边框设计，配合航空级铝合金阳极氧化中框，让视野更加宽阔无界。通过结构优化设计，主体厚度达到惊人的 6.9 mm，足以挑战 OLED（有机发光二极管）的轻薄。底座支架与音响合二为一，实现虚拟 6.1 声道。高亮不锈钢背板将电视机背面颜值提升到历史最高点。

双柱擎天

薄是我的优点，但不是我的全部。
要轻薄，更要音质，要简约，更要个性！

X7 中央热水系统即热节水燃气热水器

产品类别 / 电子与通讯类

主创设计 / 梁家劲

设计团队 / 梁智坚　刘学文

参赛单位 / 广东万家乐燃气具有限公司　顺德东方麦田工业设计有限公司

设计说明 / 这款产品针对目前市场上燃气热水器普遍存在的淋浴前要先放掉一段冷水、等待热水的时间过长、淋浴过程中水温忽冷忽热等问题。万家乐的解决方案——搭载自主研发的"东方恒热芯"技术系统的 X7 中央热水，实现热水 0.7 秒即出、零浪费、使用过程全程恒温。首创两管安装模式，无须布管、不改装修，只要 30 分钟就能安装完成。这个设计旨在让中国 90% 以上的普通城镇家庭，享受到如酒店般极致的中央热水。

H8800 系列量子点曲面电视

产品类别 / 家电与视听类
主创设计 / 李正心
设计团队 / 刘 洋 沈新峰
参赛单位 / TCL 集团创新中心

设计说明 / H8800 是 2015 年 TCL 多媒体推出的高端曲面液晶电视，为首款 4K 量子点高色域 4000R 曲面音响电视。H8800 在声音上，与哈曼卡公司深度合作，联合推出 50 W、5.5 L，6 个 3.5 寸发生单元的 S 级音箱配置。首次采用高端轿车的真木内饰工艺；将曲面音响和曲面电视完美结合，在结构上，利用内部器件实现重力平衡，无须传统底座和挂架，能够自身垂立，与家居环境浑然一体。该系列让 TCI 在曲面屏市场销量占据第一，并获得 2015 年"金典奖"。

科学喂养精准冲奶机

产品类别 / 电子与通讯类

主创设计 / 黄 昭

设计团队 / 陈冠东 张连宝 黎龙飞 刘诗锋

参赛单位 / 广东顺德雷蒙电器科技有限公司 顺德东方麦田工业设计有限公司

设计说明 / 科学喂养精准冲奶机是一款母婴类生活电器，其设计理念从用户需求出发，简化了传统冲奶繁复的冲泡体验，使传统冲奶的时间从 5 分钟减少至 8 秒，控制界面简洁，方便用户操控；将传统冲奶的 8 个步骤改为 1 次点击操作，抱着孩子的妈妈，单手即可轻松冲奶。核心部件采用了美国食品安全级材料，确保安全卫生。产品可通过 APP 实现远程遥控，用户可以享受科学育儿百科、成长健康管理、家庭轻社交等功能。

无烟烧烤炉

产品类别 / 家电与视听类

主创设计 / 庄　彪

设计团队 / 吴　晗　宋　城　曾福恒　陈雾霞　彭长涛　朱锐涛　黎志炎

参赛单位 / 佛山六维空间设计咨询有限公司

设计说明 / 本产品为一款室内外通用的新型无烟烧烤炉。 本产品外形简洁大气，体积小巧，操作简便，且满足用户室内外兼用的需求。巧妙的无烟结构设计，使得油脂不会滴到炭火，不产生油烟。本产品通过全球独有的旋火专利，使得本产品使用过程中燃料燃烧更加充分与彻底，且一氧化碳排放更低。本产品已获得国内外多项专利。从 2015 年面世以来，累计在世界各地已销售数万件。

Skyworth-S9D OLED TV

产品类别 / 家电与视听类

主创设计 / 钟云冰

设计团队 / 陈志勇　韦淑潇　彭丽媛　赵红卫　奉麟荣　余　响

参赛单位 / 深圳创维 –RGB 电子有限公司

设计说明 / 创维 S9D，采用了最新 OLED（有机发光二极管）技术，薄至 4.9 mm；电视整体简洁大方，形式新颖，底座应用了巧妙的结构方式，前后支架可以结合在一起就能支撑住电视，操作简单，方便。屏体直接插进音响腔体的连接方式，让整体更加简洁，视觉效果更显薄。

空影无人机

产品类别 / 电子与通讯类
主创设计 / 姜臻炜
设计团队 / 李海涛　钟小勇
参赛单位 / 深圳市浪尖设计有限公司

设计说明 / "空影 YING"是腾讯第一代微型无人机,专为用户户外娱乐、旅游打造,
具备 1300 万像素的高清摄影功能,能够直接使用手机连接操控,具备 GPS、超声波
和光流相机双定位系统,可以满足室内外飞行需求。同时配备了高通骁龙处理器,使其
具备强大的图像处理功能,能够在平衡飞行和图像抖动的同时完成对人或物体的智能
跟踪和拍摄。

招商智慧港口

产品类别 / 运输与交通类

主创设计 / 元永明

设计团队 / 郭胜荣　张　军　纪文龙　龙家坚　梁　帅　戴绍云

参赛单位 / 深圳市嘉兰图工业设计股份有限公司

设计说明 / 本产品为一款集装运输系统。在集装箱运输作业中，AGV（自动导引运输车）根据搬运任务要求，由 VMS（车辆调度管理系统）优化运算得出最优运输路径后，通过 TOS（码头作业系统）向 AGV 发出指令信息，AGV 在接收到指令信息后，通过机体上的导向探测器检测到导向信息，对信息进行实时处理，沿规定的路径行走，将集装箱从岸桥到堆场，或从堆场到岸桥之间运输，完成搬运任务。

华声四叶草便携彩超系统

产品类别 / 医疗与健康类

主创设计 / 肖天宇

设计团队 / 罗 嶷 李 烨 温晶舟 杨燕来

参赛单位 / 深圳市无限空间工业设计有限公司

设计说明 / 华声四叶草彩超系统是一款集高性能、轻便、易用、实用为一体的便携彩超系统。整机轻便易于携带,交互简单而人性化。运用极简的设计手法,将便携彩超原来烦琐复杂的细节进行充分的整合,产品风格简洁,功能分区清晰,材质、色彩运用恰到好处,独特的绿色四叶草为华声创造出特有的品牌识别色彩。作为配合便携彩超使用的台车,可实现升降台车,突出的大脚轮实现平稳地移动。整机配备专属的拉杆箱包,可背可拉,使用轻便易携。

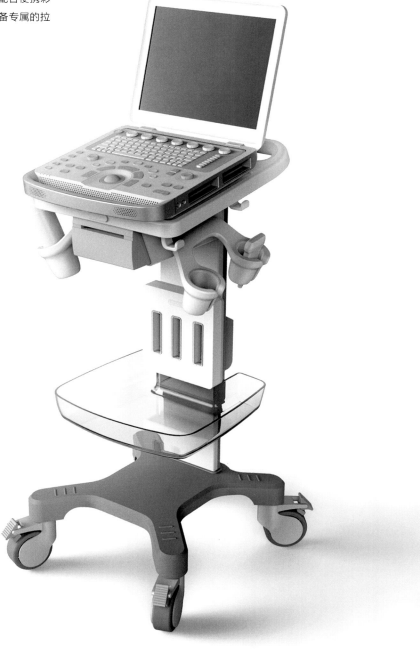

Begin ONE 智能自行车

产品类别 / 运动与休闲类
主创设计 / 林喜群
参赛单位 / 深圳市鼎典工业产品设计有限公司

设计说明 / Begin ONE 智能自行车拥有智能化混合助力，智能感知，能对人体的腿部踩踏力感知和对路况感知，根据路况恰当地输出混合动力；智能电池管理，达到温度保护、电压保护、电流保护、平衡保护等；牙盘采用智能中控一体牙盘，流线型豹腿后叉，缓震吸能，让人骑行很舒适，对电能的利用率也更高。车架设计仿生猎豹，头管粗壮有力，线条动感有型，一体化尾灯的设计，延展车身线条，强化车身造型，品牌辨识度更高。六棱上下管，配合大小变化和造型扭曲，同时体现力量感和速度感。

标签打印机系列

产品类别 / 生产与装备类

主创设计 / 李佳芳

设计团队 / 胡承杰　张景然　王晓睿

参赛单位 / 深圳市浪尖设计有限公司

设计说明 / 标签打印机外形采用几何形态相贯为造型基础，线条硬朗有力，坚若磐石，稳如泰山，以独有的设计语言为设备类产品形象，小巧有致，结构巧妙，操作简单，携带方便。其一系列标签打印设备造型配色无不一脉相承，体现出稳重专业的特点。去键盘，手机 APP 操作，连接蓝牙、WIFI、NFC（近距离无线通讯技术）等，应用随心。内置切刀，方便标签打印后的裁切。自动配对手机或 PDA（掌上电脑），进行无缝对接资源资产系统，将云端数据轻松同步到现场，实现在线高效精准打印。采用专业设备类配色，醒目专业，有力的把手尽显稳重品质。

魔碟灶

产品类别 / 家电与视听类

主创设计 / 何伟坚

设计团队 / 卜　峰　郑礼龙

参赛单位 / 华帝股份有限公司

设计说明 / 围绕消费者关注的灶具使用及清洁问题，华帝魔碟灶具开创性地采用了炉头可翻转设计，重新定义下一代灶台空间。飞碟型的升降炉头，在产品使用后，只需轻点触屏自动翻转，无开孔无螺钉，清洁毫无死角，一抹即净！当检测到炉头上有灶具，无法翻转时，为了确保安全性，魔碟灶具应用了五重保障设计，为用户精心考虑。触摸式黑晶钢化玻璃面板，整体黑、红、白的搭配，配合金属材质呈现出厚重的品质感。

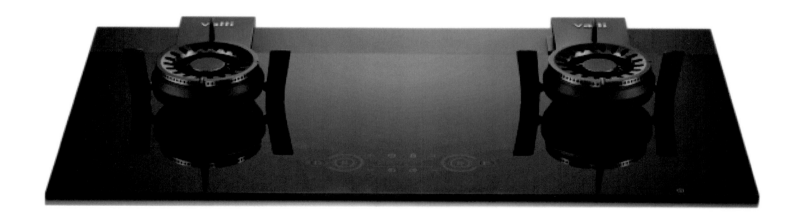

咪哒 MINI K

产品类别 / 家电与视听类

主创设计 / 孔　程

设计团队 / 郑　樾　陈智钊　吴国杰　钟宏华　陈君平

参赛单位 / 广州艾美网络科技有限公司

设计说明 / 咪哒 MINI K 是艾美科技自主研发的全自助、高品质音乐娱乐机。采用全玻璃外壳，配合休闲实木内饰、隐蔽式吸音装置、人体工学设计，打造舒适时尚的音乐娱乐新产品。咪哒 MINI K 面积仅 2.56 平方米，小空间融合了唱歌、录歌、自动调音混音以及音乐社交分享功能，同时容纳 2 人进行唱歌娱乐。在产品功能设计、空间利用率上面实现了全新突破。

生物质自动化锅炉

产品类别 / 电子与通讯类
主创设计 / 吕潮胜
设计团队 / 吴焯毅
参赛单位 / 顺德东方麦田工业设计有限公司

设计说明 / 燃煤排放是空气质量的主要污染源之一，而中国北方大部分三四线地区因条件所限，传统的燃煤锅炉依然是主要刚需供暖设备。这款新能源锅炉针对兰炭、生物因质燃料等新兴洁净能源进行性能优化，从根源上解决锅炉刚需供暖与空气污染这个尴尬的矛盾。对比传统锅炉，新能源数控锅炉具备以下特点：1. 通过内部结构优化使现有产品体积缩减 1/4；2. 攻克方形炉门密封性的技术难点，替换传统的圆形炉门。

多功能医用柜

产品类别 / 医疗健康类

主创设计 / 郭立辉

设计团队 / 张延志　蒙启泳　都基铭　范　婷　叶非华　周静茹　谭允开

参赛单位 / 广州好掌柜家具有限公司顺德分公司

　　　　　 广东顺德工业设计研究院（广东顺德创新设计研究院）

设计说明 / 提高医院空间利用率，改善陪护人员使用体验，减轻医院管理难度与患者家庭负担是有利于各方的重要福利举措，所以广州好掌柜家具有限公司顺德分公司与广东顺德工业设计研究院（广东顺德创新设计研究院）合作，致力于开发出一款体积紧凑，容易操作，适用于陪护人员使用的科技产品。

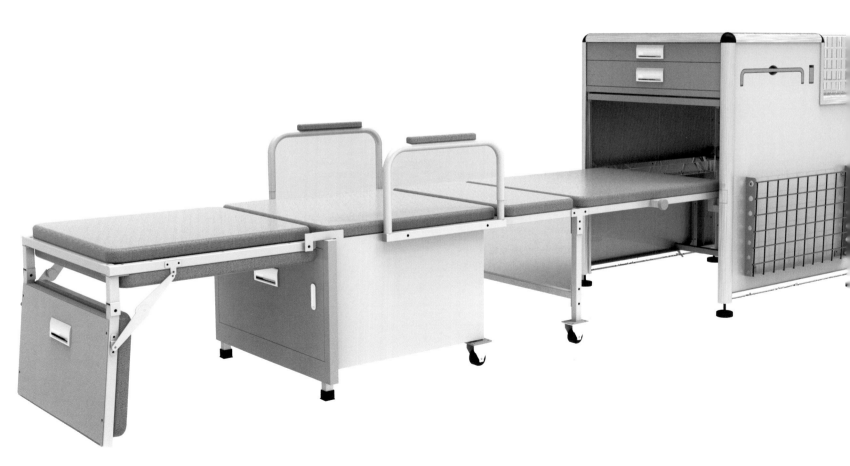

N1 空心铸钢柄套刀系列

产品类别 / 五金与卫浴类

主创设计 / 曾宪辉

参赛单位 / 阳东县天一刀具有限公司

设计说明 / N1 系列不锈钢刀具产品设计理念追求工艺、创新和实用三位一体的平衡和协调。该系列刀具选用德国进口的高性能钢板材料，结合 TopCut 公司特有的工艺处理，使其锋利程度和防锈能力均达到最佳状态。独特的铸钢空心手柄，与极具质感的镜光表面形成鲜明的对比，厚重又不失别致。大胆独特的镂空刀柄设计，全镜光抛磨，选用不锈钢 304 一体铸造成型。

智能商务助理机器人

产品类别 / 公共与办公类

主创设计 / 容宇声

参赛单位 / 广州市沅子工业产品设计有限公司

设计说明 / 智能商务助理机器人"小宝"是第二代智能机器人的升级产品，以商用为主，具备远程替身、视像会议、智能环境监控、商业安防、迎宾互动、提供多种系统预约服务等六大功能，稳定性高，可实现无人工干预作业。"小宝"的人机交互屏幕，升级为一体化的视网膜 AMOLED（有源矩阵有机发光二级体面板）触摸屏，让远程替身这个功能提升到更高的层次。

心晓

产品类别 / 医疗与健康类

主创设计 / Hannu Kahonen

设计团队 / 胡 飞 Jaakko 张宵临 周 坤 刘 勇 蒋梦婕
吕佳贝 靳致柔 吴华华 邓嘉瑶 翁家远

参赛单位 / 广东工业大学 广州中科新知科技有限公司

设计说明 / "心晓"是首款心脑血管健康管理系统，能够无忧、连续地采集并绘制用户的心率、呼吸率与呼吸强度、体动、睡眠等生命体征数据曲线，从而建立个性化健康模型，提供个人专属的心脑血管疾病风险预警服务。该产品对家庭个人用户连续生命体征进行监测，并进行体征异常的分级预警，将不同级别的体征异常反馈到用户家人、家庭医生、社区护理和医院，实现虚拟家庭医生监测，紧密连接社区和医院，形成慢病预防和管理闭环。

超薄型智能餐桌

产品类别 / 家具与用品类

主创设计 / 黄广明

参赛单位 / 汕头市伊雷甘特家居有限公司

设计说明 / 产品以功能性智能化为主旨，采用极简的外观设计，以新生家庭及高档火锅店为定位。通过"6+6"安全方式，在1.2 cm 厚度的玻璃上实现了餐桌与电磁炉无痕对接的理想效果，呈现2 000 W高火力轻松滑控的烹调感受。双层防爆玻璃安全无接缝，4 mm 厚壁金属管内藏机芯，理想屏蔽电磁辐射，双风机流畅对接，使得机件寿命更长，无噪音。平板包装运输轻松、组装简易。

飞轮 Chaser FPV 高集成竞赛穿越一体机

产品类别 / 运动与休闲类

主创设计 / 蔡少扬

设计团队 / 庞 源 文 飞 杨连毫

参赛单位 / 广东飞轮科技股份有限公司

设计说明 / 产品是集竞赛和穿越于一身的飞行器，主体由碳纤维复合材料组成，具有高强度和耐冲击性。高速无刷电机，响应速度快，最高时速100千米。产品配置5.8GHz 的实时图像传输系统，600电视线的高清摄像头。失控或崩溃前会自动触发报警。FPV（第一人称主视角）飞行，适合高速，易于控制。400米遥控距离，366米的信号传输。

超薄智能电子锁

产品类别 / 家电与视听类

主创设计 / 卢国钊

设计团队 / 卢建雄 程德钦 周怡波 高展辉 李锦光 刘紫媚

参赛单位 / 佛山市歌德智能科技有限公司

　　　　　佛山市柏飞特工业设计有限公司

设计说明 / 本产品采用全不锈钢设计，防爆防盗性能极强；面板设计采用极简科技风，简现代感十足，厚度 6 mm（全球现有产品中最薄）完美融合各种风格的房门；内部机构完全电子驱动，无须扭动，也避免了暴力开锁造成部件的损坏；随机安保密码，防止密码被偷窥，指纹被复制的安全漏洞；触摸屏采用 5A 级玻璃钻化表面处理、IP67 超强防水、0.2 秒极速指纹识别，一次可以储存 309 枚指纹。

ICO—568 智能马桶

产品类别 / 五金与卫浴类

主创设计 / 雷　霆

参赛单位 / 佛山市家家卫浴有限公司

设计说明 / 产品是集温水爽肤、暖风干燥、节能环保、四重洁净护理、六重安全保护等各功能于一身的智能马桶，展现出智能洗悦，给予了生活无限尊享，将优雅与个性发挥得酣畅淋漓的同时充满了灵动的时尚气息，完美融合了自由浪漫的简洁主义，体现了一种亲和的魅力。

入墙式面盆龙头

产品类别 / 五金与卫浴类

主创设计 / Michael　Young

参赛单位 / 广东祖戈卫浴科技有限公司

设计说明 / 以"水银涓流"的造型，不同于传统水龙头的表面，使用时不会形成水迹。材料采用医用级不锈钢制造，环保健康之余，更能体现金属的质感。把钢材的硬朗与水的柔美相结合，体现刚柔并济的设计理念。

静触时光

产品类别 / 服装与饰品类
主创设计 / 卡 文
设计团队 / 王艳华
参赛单位 / 东莞市卡蔓时装有限公司

设计说明 / 静触时光服饰透露着一种女人的时尚而不是片刻的华丽，
她是源于内在的恒久气韵；她懂得让现实和理想完美交融，让生活远
离喧闹与虚度，回归平静与幸福；她每时每刻在平凡的日常琐碎中书写
着不平凡的故事，她不言不语将一切耐人寻味的故事藏在服装里。记
在时光中，享受安静的时光，我们的心灵就会变得很丰富。当流年剪出
时光倩影，悄然呢喃成一株沉香，此时此地有故事的你，安然静守着一
茬时光，人群中一眼看出你一生的精致。

嬉游曲

产品类别 / 服装与饰品类
主创设计 / 田晶晶
参赛单位 / 中山蜜拉服饰有限公司

设计说明 / 以"嬉游曲"为名，旨在传达衍行东方奇幻趣味的品牌特点。
其产品分为两大主线：半生、轻熟。半生主线呈现悦韵悠扬的特点，在
东方图案中融入现代表现手法，亦中亦西的板型独特新颖，冷暖色彩
的运用清新飘逸。轻熟主线呈现逸怀浩气的特点，传统服装形制糅合
现代时装款式，选用古色古香而有富有诗意的图案。常用撞料设计，于
细节处带给人独特体验。

多功能会议平板一体机

产品类别 / 公共与办公类

主创设计 / 胡方龙

设计团队 / 刘吴旭　周　平　刘　勇　黄健勇

参赛单位 / 广州视睿电子科技有限公司

设计说明 / 会议平板旨在为企业解决传统会议复杂低效的问题。它集无线投影、白板书写、远程会议、触控等多种功能于一身。机身超薄，外观简洁，可选壁挂或搭配移动脚架，不苛求安装条件。支持 10 点触控，书写精准流畅、延迟短。与屏幕大面积接触时，可快速调用黑板擦功能，黑板擦随着接触面积大小的变化自动调节。内置 wifi，可实现流畅、稳定的远程视频会议。会议中实时保存会议记录，与会者通过扫描二维码即可带走会议记录。

自动售取票机 DT-7000-iTVM01

产品类别 / 公共与办公类

主创设计 / 解永生

设计团队 / 曾庆宁　雷　云　杨浩基　陈　然　李炳兴
　　　　　陆伟鸿　车雪峰　任炳宇　黄宇文

参赛单位 / 广州广电运通智能科技有限公司

设计说明 / 广电运通智能科技有限公司秉持"让 AFC（自动售检票）拥抱时尚"的创新理念，结合移动互联网支付、高速 NFC（近距离无线通信技术）及二维码识别、大屏多点触控、小型化售票装置等先进技术，打造出新型自动售取票机 DT-7000-iTVM01，产品造型时尚新颖，无须现金即可进行售票或取票，乘客可选择在任何地方用手机购票并到站取票，极大改善了乘客的购票体验，提高了轨道交通的智能化水平和城市智慧出行的高科技形象。

远程视频柜员机 DT-7000I60X

产品类别 / 电子与通讯类

主创设计 / 丁迎峰

设计团队 / 陈　瑶　邓庆科　朱　聃　黄鹤翔　武长海
　　　　　　李先凯　蒋斯丝　徐洪格　施国成

参赛单位 / 广州广电运通金融电子股份有限公司

设计说明 / 传统银行网点柜面存在人工效率低、排队严重的现象；广电运通结合物联传感技术、实时智能视频分析技术、高清视频通信、智能协同等关键技术，基于"全功能、全天候、面对面、类柜面"的微型智能网点的设计理念，采用"消失"的设计手法，将远程视频柜员机的多功能、多模块集中通过外观简约的智能设备进行表现，将传统柜台业务迁移到智能设备上，实现了银行网点 7 天 24 小时服务。

电子竞技曲面显示器

产品类别 / 电子与通讯类

主创设计 / 吴松峰

设计团队 / 苏炳运　郑海平　骆守旺　杨博雯　张洪志

参赛单位 / 深圳二十一克产品设计有限公司

设计说明 / 随着电子竞技行业的迅速发展，产品从视觉呈现上带给玩家不同的视觉体验，此款显示器的设计源于科幻电影里的火箭炮概念，支架、机身以银灰色铝合金打造，配合纺锤形线条设计，与纺锤形灯效之间形成视觉上的呼应，同时配合放射状栅格设计，使产品更具有力量感。

云流客厅系列

产品类别 / 家具与用品类

主创设计 / 王志浩

设计团队 / 林东文　朱国忠

参赛单位 / 深圳长江家具有限公司

设计说明 / 云流系列产品设计以传达新中式家居文化为创作宗旨，不造作、不夸张，引用"云"为设计元素，体现纤细唯美的东方情怀。整体造型设计上主要表现在富有个性、神韵、造型和质感的家具实体上，以真实的表征展现出"形式追随功能"的新中式家具文化。

江南雨屏风

产品类别 / 家具与用品类

主创设计 / 陈于书

设计团队 / 邱富建

参赛单位 / 宜华生活科技股份有限公司

设计说明 / 设计巧用中式意境，而非传统符号，同时将高低错位的搁板与实用功能相结合，使得屏风同时起到展示架的作用。产品突破传统家具采用红木为原材料，大胆尝试其他原材料，将新中式设计元素与现代材质（亚克力）巧妙结合。

茶影

产品类别 / 家具与用品类
主创设计 / 王树茂
参赛单位 / 深圳市沣茂设计有限公司

设计说明 / "茶影"是专门为体现"品茶"这一个东方文化而做的设计，设计灵感来源于对结构的思考，将实木弯曲巧妙地融入现代设计中，疏密有致，其整体设计具有极强的视觉冲击力。结合材料的韧性，形成一种特殊的结构形式，同时，光影效果给空间带来充满禅意的美。"茶影"凳子可以堆叠，节省空间。配套有软垫，带给人们舒适的坐感。"茶影"材料均选用天然的优质木材，机械加工和人工打磨相结合，该产品表现出对形式和功能的统一，对传统价值的尊重，对手工品质的推崇，对细节的精益求精。

禅韵书房系列

产品类别 / 家具与用品类
主创设计 / 王志浩
设计团队 / 林东文　朱国忠
参赛单位 / 深圳长江家具有限公司

设计说明 / 禅韵书房系列产品设计以北欧家具的外观造型为基础，融合中式家具的古典韵味，以传达新中式家居文化为创作宗旨，定位为禅意、自然，强调极简、形韵。引用中国京剧"脸谱"形状为设计元素，加入中式古典家具的"生、旦"结构，贯穿于所有产品结构之中，线条简练、大方，结构稳固、平滑润泽而形简意丰。产品的设计融合了典雅的古风和现代感，以创造出宁静悠远的禅意。

智能变形家居

产品类别 / 家具与用品类

主创设计 / 高国斌

设计团队 / 王浩堂　梁福田

参赛单位 / 东莞市多维尚书家居有限公司

设计说明 / 本产品是一款可以改变空间功能的多功能型智能家具，颠覆传统家具的设计理念以一种创新性的时尚设计改变人们的生活方式。本产品由一款带沙发功能的正翻功能床和一个变形书柜组成。功能床同时具备沙发和双人床功能，既能用作接待客人的沙发，也能用作睡眠休息的双人睡床。变形书柜平时是一个收纳物品的书柜产品，启动变形模式后，书柜门板展开，能够变成一张用于工作、学习的书桌。一物两用，使每一个空间区域实现最优的利用方案。

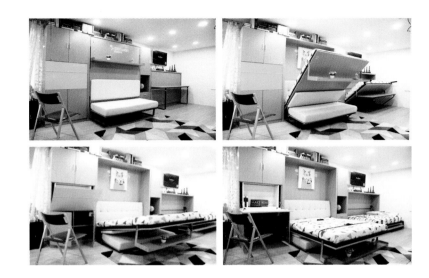

"流·金"系列面盆龙头

产品类别 / 五金与卫浴类

主创设计 / 朱耀龙

参赛单位 / 广东华艺卫浴实业有限公司

设计说明 / "流·金"系列，巧妙地利用了"旋"的特性，使之达到结构要求的同时又极具优雅之美；玫瑰金镜面和纯白色烤漆的双色表面创新技术，一体成形使造型更富有简约时尚的线条感和时尚感，打破传统的单一限制；另外采用硬币快速开启的起泡器，方便解决起泡器堵塞问题。

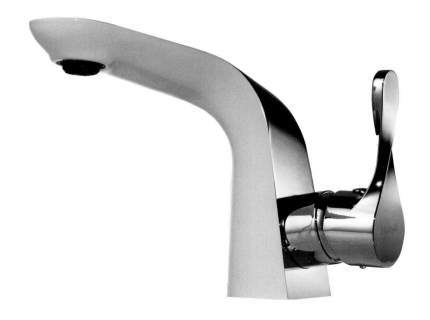

伊娃系列面盆龙头

产品类别 / 五金与卫浴类

主创设计 / 朱耀龙

参赛单位 / 广东华艺卫浴实业有限公司

设计说明 / 伊娃系列面盆龙头源于欧洲极简主义的设计理念，把人体
工程学黄金分割的弧度设计与几何线条完美契合，打造出纯粹、清新、
感性的外形，并为"伊娃"研发出一种全新的形态语言。该产品具有环保、
工艺、美观的特点。

VR 动感 +（随动）F1 狂飙车

产品类别 / 家电与视听类

主创设计 / 张荣华

参赛单位 / 深圳市眼界科技有限公司

　　　　　顺德米果新材料科技有限公司

　　　　　江门奈斯新材料科技有限公司

设计说明 / 该产品利用电脑模拟产生一个三维的虚拟空间，提供使
用者关于视觉、听觉、触觉等感官的模拟，让使用者仿佛置身于虚拟
空间之中，成为消费市场人气最火爆、最受欢迎的虚拟现实体验设备。
不同于传统游戏厅里的赛车设备，它加入最新的第二代随动技术，驾
驶操控感更强。VR 专业造型设计提高了产品价值，呈现更极致的细
节随动效果，带给用户更强的沉浸感受、更高清的视觉体验和更好的
体感交互。

户外直流式充电桩

产品类别 / 电子与通讯类

主创设计 / 邓浩景

设计团队 / 黄坚烽　苏清强　仇登伟　麦源超

参赛单位 / 广东顺德和壹设计咨询有限公司
　　　　　周口市凯旺电子科技有限公司

设计说明 / 随着电动汽车行业的不断发展,消费者对充电设备的需求量不断增加,但目前的社会公共充电设施并不完善,消费者每天都面对"充电难"的问题。该款户外交流式充电桩采用高性能嵌入式工业级处理器,具有良好的系统可靠性。大面积的灯光反馈与完善的人机交互界面,为使用者提供空前的便利。该款户外交流式充电桩为消费者充电提供了良好的解决方案。

氧立得氧气切割机

产品类别 / 电子与通讯类

主创设计 / 姚栋献

设计团队 / 黄坚烽　苏清强　邓浩景　仇登伟

参赛单位 / 广东顺德和壹设计咨询有限公司

设计说明 / 氧气切割简称"气割",采用它具有设备简单、灵活方便、质量好等优点,它适用于切割厚度较大、尺寸较长的废钢。氧气切割机采用高科技双级制氧技术,得到约30%~99%的高浓度氧气。气割对废汽车解体和旧船舶解体更能发挥其灵活方便的作用,它不受场地或物件的局限,可以在任何场合下进行作业。除使用气割加工炼钢炉料外,还可以在废钢中割取有使用价值的板、型、管等材料,供生产使用。所以氧气切割是废钢铁加工的主要方法之一,目前在金属回收部门应用十分广泛。

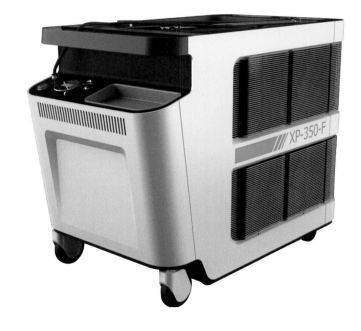

四轴自动焊接机

产品类别 / 生产与装备类

主创设计 / 郭公兵

设计团队 / 张亚军　翁海龙

参赛单位 / 佛山市顺德区达奇工业设计有限公司

　　　　　浙江斯柯特科技有限公司

设计说明 / 采用颠覆行业式送焊丝方式，提升产品工作效率 20% 以上，提升焊件质量 30% 以上。产品外观形象更一体化，夺得"最美四轴自动焊接机"称号。

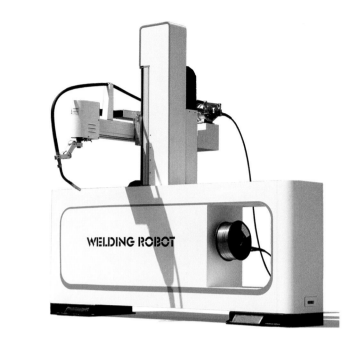

智能随行车

产品类别 / 运输与交通类

主创设计 / 高宏宇

设计团队 / 周升星　周小桥

参赛单位 / 深圳市晟邦设计咨询有限公司

设计说明 / 它是全球第一款实现全自动折叠的电动车，通过指纹识别开启，短时间内就可以完成折叠；智能灯控系统设计，当用户骑行至昏暗的环境时，会自动调节大灯和轮廓灯的亮度，保障行车安全；它采用无线充电技术，只要放在底座上就可以自动蓄电，免去弯腰插电等麻烦。

双立人红酒启瓶器

产品类别 / 五金与卫浴类

主创设计 / Dorian Kurz

设计团队 / Kurz Kurz Design Team

参赛单位 / 广东顺德库尔兹库尔兹创意设计有限公司

设计说明 / 这套工具由滴水托盘、薄膜剪、螺丝锥和拥有两种变形功能的酒刀组成。此外还附加了一个红酒泵和倒酒嘴。在其典型的风格下，酒刀整合了三种功能：切开薄膜、拔起软木塞、开啤酒瓶盖。

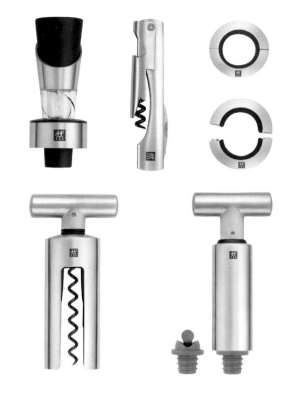

精钢原汁机

产品类别 / 家电与视听类

主创设计 / 吴青霞

设计团队 / 杨 超

参赛单位 / 广东美的生活电器制造有限公司

设计说明 / 随着越来越多的家庭使用原汁机，原汁机风格趋向家居化，圆润造型居多。此款原汁机体积并不大，整个造型设计成紧凑的圆柱形，同时整个产品非常简洁，富有现代感。从侧面图看，整个机身保持流畅的直线，整体化且给人专业感。关于材质方面，柱型主机身半包金属件，与高亮黑色机身形成对比，使整个产品更加有质感。

冒险家对讲蓝牙音箱

产品类别 / 电子与通讯类

主创设计 / 蔡水坤

设计团队 / 郑 宇 张 亮

参赛单位 / 深圳市麦锡工业产品策划有限公司

设计说明 / 该产品为蓝牙音箱与通信对讲一体化的音乐设备！集合蓝牙音箱与对讲机两大功能的跨界音箱产品，让单一功能的对讲机增添一份音乐娱乐功能。为户外活动保证安全沟通的同时，也给使用者带来愉悦的音乐享受。

陶瓷镂空机械腕表工匠系列

产品类别 / 服装与饰品类

主创设计 / 张建民

设计团队 / 江 欣

参赛单位 / 深圳市中世纵横设计有限公司

设计说明 / CIGA Design 陶瓷镂空机械腕表工匠系列改善了传统机械手表抗震性差、不耐磨、实用性差的缺点，同时呈现出精密机械的美感。它将中国传统"天圆地方"的概念融入手表设计，用方形表壳与圆形机芯搭配，实现了理念和结构的创新，前后彻底镂空的设计将机芯的机械之美完美展现。创新地在表壳和机芯间加入抗震材料，使手表的抗震性提高了2倍以上，实现审美价值和实用价值的最大化。

MASTER PAN

产品类别 / 五金与卫浴类
主创设计 / 李凌瀚
设计团队 / 黄镇洪　陈静雯
参赛单位 / 广东万事泰集团有限公司

设计说明 / 以健康、环保、节能、智能的理念，结合世界上最先进的锅具制造工艺，打造行业中的高端锅具精品。MASTER PAN 内置温度传感器，能进行精准的温度控制，严格把关每一个温度点，防止食物烧焦，杜绝致癌物的产生，实实在在地保护人们的健康。同时根据不同的菜单，锅具能更精准地控制火候，使用户更好地烹饪。通过蓝牙连接，结合我们的 Master APP，可实现智能烹饪、定时语音提醒等功能。手柄上的测温模块采用可拆卸结构以及无线充电技术，锅具可以直接放到洗碗机进行清洗。

超薄陀飞轮

产品类别 / 服装与饰品类
主创设计 / 汪　雯
设计团队 / 李潇逸　孙宇靖
参赛单位 / 飞亚达（集团）股份有限公司

设计说明 / 此表款是飞亚达大师系列超薄陀飞轮。充满极简气息的表壳由18K 玫瑰金打造，搭配品牌独创的无表耳结构设计，整体厚度仅为6.5 mm，机芯厚度仅为2.9 mm。上下无边框的蓝宝石玻璃覆盖结构，减少金属部分厚度，在视觉上进一步凸显腕表超薄的概念，可视的金属厚度仅4.5 mm，实际厚度和可视厚度都达到了极致水平。

智能驾驶模拟器

产品类别 / 公共与办公类
主创设计 / 魏长文
设计团队 / 胡承杰　张景然　杨建瑞
参赛单位 / 深圳市浪尖设计有限公司

设计说明 / 这是一款虚拟与现实的互动、智能触屏、人机交互模式为一体的模拟器,可让学员从听觉、视觉、嗅觉、触觉、动感效果等多维度体验学车过程。模拟器的方向盘、油门、离合器、刹车、档位、仪表等均按真车 1:1 设计制造,真正体会训练。最重要的一点是,模拟器还可对行车过程中可能遇到的所有突发状况进行逼真的实战演练,以确保学员以后上路开车时能够正确应对和处理,实现 100% 安全驾驶。

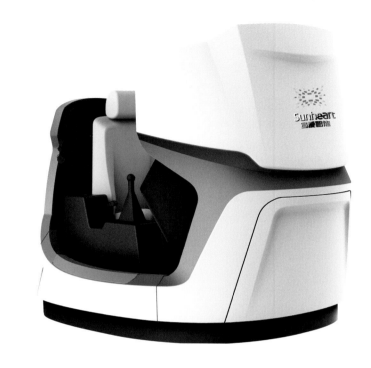

尿不湿检测设备

产品类别 / 生产与装备类
主创设计 / 魏长文
设计团队 / 钟　蔚　陈代杰　李种辉　黄启芫　王贤杰　冯　凯
参赛单位 / 深圳市浪尖设计有限公司

设计说明 / 尿不湿检测设备可以检测尿不湿的性能和品质,通过模拟尿不湿真实使用环境(一面接触婴儿皮肤,一面接触外部空气)来检测不同品牌尿不湿的透气情况,为尿不湿制造行业制定检测标准。上下分割造型突出产品特点,半自动放置操作方式,全自动化检测。对结构、使用环境、使用者、产品特性进行了综合考虑,既满足功能要求,又满足美学要求。

迷你智能螺丝刀

产品类别 / 家具与用品类

主创设计 / 叶立枫

设计团队 / 杨 皓 张玉泉 韦荣棒 王弋恺

参赛单位 / 广州正艺产品设计有限公司

设计说明 / 本产品重新定义了电动螺丝刀。它是一款全球尺寸最小、内含变速机构，同时具备体感识别功能的智能电动螺丝刀；其尺寸仅有钢笔大小但功能强大：该产品工作会实时感知使用者动作，通过内部程序控制并做出辅佐性的旋转动作进行配合；智能控制让使用者大大减少了工作强度，人机配合度非常高。另外螺丝刀具备更换各种批头的强大兼容性，极大地提高小型电子产品装拆效率的同时，完美地解决了电动螺丝刀难以便携的难题。

激光切管机

产品类别 / 生产与装备类

主创设计 / 杨 栋

参赛单位 / 武汉华夏星光工业产品设计有限公司

设计说明 / 本款产品整体设计风格简洁大方，主要通过圆角的穿插和折角的造型手法来体现产品的动态和层次，局部细节用过灯带的设计以及拉手配件来提升产品档次，是一款加工简单，造型却不简单，经久耐看的产品。

AVANZA 激光投影仪

产品类别 / 家电与视听类

主创设计 / 涂善玖

参赛单位 / 深圳市鼎典工业产品设计有限公司

设计说明 / 高亮度工程投影机, 广泛使用于会议、展览展示及模拟仿真等各种场所, 是可视化艺术创意的最佳显示设备。长达 20 000 小时的使用寿命, 把工程师从日常维护中解脱出来。三角形的前散热网更大地增加了散热面积, 同时应用了智能热管理系统, 使得 AVANZA 激光投影机始终保持颜色的一致性, 实现了无色彩漂移, 画质更逼真。

Wanbo 智能微投

产品类别 / 家电与视听类

主创设计 / 高宏宇

设计团队 / 周升星　周小桥

参赛单位 / 深圳市晟邦设计咨询有限公司

设计说明 / 满足了租房一族旺盛的观影需求, 产品有海量视频内容, 才超大屏幕可以让人们轻松享受观影乐趣, 最大的亮点就在于人性化的智能体验, 用户使用遥控器上的语音键, 可以对投影仪进行语音控制。

非圆活塞数控机床

产品类别 / 生产与装备类

主创设计 / 任国光

设计团队 / 苏春峰

参赛单位 / 沈阳创新设计服务有限公司

设计说明 / 一款用于加工非圆活塞的特种机床,大胆的线条分割,强烈的色彩对比,传达智慧、现代、前沿、科技的理念。在机床的一角加入显示屏,根据不同的工作状态显示不同的符号,根据不同的厂房颜色,选择不同的机床配色,与环境融为一体。

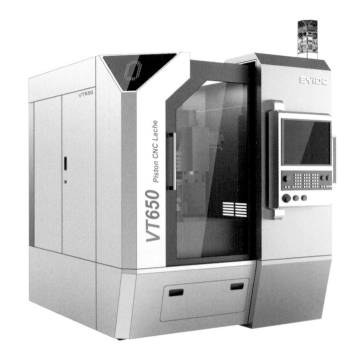

QMJ4260 全断面煤巷高效掘进机

产品类别 / 生产与装备类

主创设计 / 任国光

设计团队 / 齐 兵 苏春峰

参赛单位 / 沈阳创新设计服务有限公司

设计说明 / 全球首套全断面高效掘进大型智能装备,主要用于煤矿井下开采。解决了传统掘进机连续推进而无法一次成型和盾构机全断面成型而无法连续作业的难题,从而实现快速掘进。

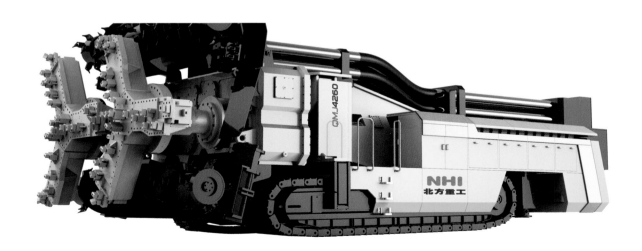

华大基因——基因测序仪

产品类别 / 生产与装备类

主创设计 / 肖天宇

设计团队 / 罗 嶷　李 烨　温晶舟　杨燕来

参赛单位 / 深圳市无限空间工业设计有限公司

设计说明 / 国内首创的具备国际先进水平的桌面型基因测序设备，该产品不限于人类基因组和外显子组测序，可用于个人基因组测序、农业基因组测序、转录组测序等科研应用，以及产前诊断、遗传病检测、肿瘤基因检测等临床应用。清晰模块化的设计让产品的功能分区更加直观，一键测序、19 寸触控操作屏幕等特色让产品易用性极强。

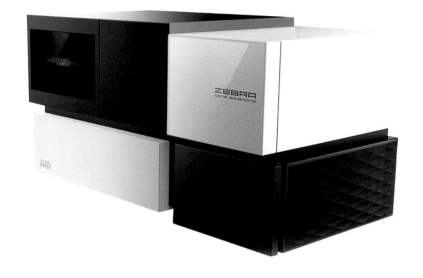

可收纳壁挂式视频展台

产品类别 / 教育与娱乐类

主创设计 / 王武坤

设计团队 / 李宗杰　杨冬青　钟伟杰　刘 洋　李海丰　黄 凌

参赛单位 / 广州视睿电子科技有限公司

设计说明 / 产品不仅依靠电子科技化技术，而且回归用户需求，关注电子教育产品本身的实用性、安全性、耐用性，考虑人机工学，注重产品的用户体验，解决现阶段的实际问题。视频展台将教学材料以视频画面的形式，实时大屏显示。它可实现批注讲解、多图对比、评比作业；创新性的一键控制软件启动或关闭的设计，使得老师无须在大屏和展台间来回走动。

VFG-40 连续套袋型工业吸尘器

产品类别 / 生产与装备类

主创设计 / 萧子东

设计团队 / 练凯辉　吴均全　陈泽明　余　勇

参赛单位 / 东莞汇乐环保股份有限公司　广东华南工业设计院

设计说明 / VFG-40连续套袋型工业吸尘器具有风量大、摇杆振尘、稳定可靠、移动灵活等特点。本机器适用于要求连续工作、粉尘粒径较小、粉尘量较大的场合；适用于地坪打磨、抛丸、三相电源的工况。本产品滤袋的清灰方式采用独特手动反吹系统有效地清洗滤袋遗留的粉尘，并且经济实用，操作方便。

苹果手机三合一镜头组

产品类别 / 家电与视听类

主创设计 / 曾海平

设计团队 / 杨子良　朱　聪

参赛单位 / 中山市纽邦工业产品设计有限公司
　　　　　中山市梅尔赛纳摄影器材有限公司

设计说明 / 这款针对苹果手机开发的三合一镜头组，分别具有广角镜头、微距镜头、偏振镜镜头。从你体验三合一镜头组那一刻开始，就会感到它前所未有的不同。指尖一按，快门、构图放大缩小瞬间响应，更方便的是一键切换前后摄像头。解决手机相机拍照功能单一的短板，也解决微单相机或数码相机外出携带的不便。

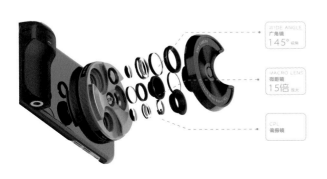

婴儿推车净化器

产品类别 / 医疗与健康类

主创设计 / 邓桂浩

参赛单位 / 广州市沅子工业产品设计有限公司

芒果 TV 机顶盒 H1

产品类别 / 电子与通讯类

主创设计 / 潘亚军

参赛单位 / 深圳市甲由设计顾问机构有限公司

HJ-1601 LED 应急球泡灯

产品类别 / 照明与灯具类

主创设计 / 邓彩文

设计团队 / 江 彬

参赛单位 / 广东辉骏科技集团有限公司

CX-Start 迷你四轴飞行器

产品类别 / 运动与休闲类

主创设计 / 赵志科

设计团队 / 关志航 余构汉

参赛单位 / 广东澄星无人机股份有限公司

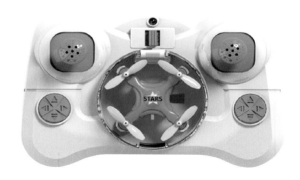

刷刷手环

产品类别 / 电子与通讯类

主创设计 / 林书锴

设计团队 / 李　熹　陈泳娴　梁嘉伟　翟景晟　廖尉程

参赛单位 / 广东华南工业设计院

多层共挤流延薄膜生产平台

产品类别 / 生产与装备类

主创设计 / 严子豪

参赛单位 / 广东仕诚塑料机械有限公司

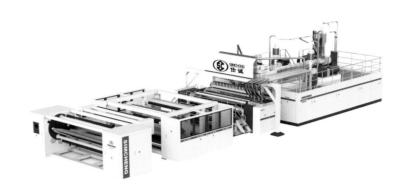

无线电热水器

产品类别 / 家电与视听类

主创设计 / 董　洋

参赛单位 / 芜湖美的厨卫电器制造有限公司

蝶变——女主人的晚宴

产品类别 / 服装与饰品类

主创设计 / 吴梓静

设计团队 / 唐馥琦　李萌萌　邹　蝉　胡耀花　陈建梅

参赛单位 / 深圳影儿时尚集团有限公司

国风系列

产品类别 / 家具与用品类

主创设计 / 夏向东

设计团队 / 张　超　陈振益　洪钢桥　梁香瑞
　　　　　古青辉　杨长报　杨卫锋

参赛单位 / 福建森源家具有限公司
　　　　　五邑大学艺术设计学院

花开花落

产品类别 / 电子与通讯类

主创设计 / 李文军

设计团队 / 陈金胜

参赛单位 / 佛山市弘历家具有限公司

SpeechMate 无线教学演讲系统

产品类别 / 家电与视听类

主创设计 / 陈　鑫

设计团队 / 胡宇鹏　诸葛齐　曾德钧　徐金宁
　　　　　邵俊杰　郑一民　于　瞳　杨　颖

参赛单位 / 恩平市帕思高电子科技有限公司
　　　　　深圳旗鱼工业设计有限公司

合体"箱""包"

产品类别 / 运动与休闲类

主创设计 / 黄　骁

设计团队 / 黄锦沛　翁茂堂　何泳欣　刘志雄　施梦烁

参赛单位 / 江门市丽明珠箱包皮具有限公司
　　　　　五邑大学

一种全方位保护的鞋子

产品类别 / 服装与饰品类
主创设计 / 林可为
参赛单位 / 百卓鞋业

AURA 多功能组合美容仪

产品类别 / 医疗与健康类
主创设计 / 贺培培
参赛单位 / 江门山林若维工业设计有限公司
　　　　　 广东银狐医疗科技股份有限公司

十月初五果悦水果月饼盒

产品类别 / 包装与平面类
主创设计 / 巫永衡
设计团队 / 司徒彬斌　陈宇星　谢成尉　李晖龙
参赛单位 / 江门山林设计工作室
　　　　　 江门市澳新食品有限公司

柑普茶专用镊子

产品类别 / 家具与用品类
主创设计 / 陈永航
设计团队 / 李家强　罗青峰　马　昕　吴杰超
参赛单位 / 江门市艾迪赞工业设计有限公司
　　　　　 江门新云荟柑普茶有限公司

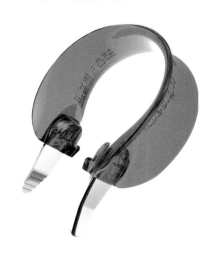

UFO 飞碟手表

产品类别 / 运动与休闲类

主创设计 / 石振宇

设计团队 / 宋晓薇　向智钊　黎锐垣　吴毅钊

参赛单位 / 清华大学美术学院设计策略与原型
　　　　　创新研究所

Longing 无人机

产品类别 / 教育与娱乐类

主创设计 / 卢传德

设计团队 / 杨能鹏　苏凯勇　张春华　黄洪锋
　　　　　徐旭潼　曾绮文　杨　扬

参赛单位 / 广东顺德米壳工业设计有限公司

幻影智能光控灭蚊器

产品类别 / 家电与视听类

主创设计 / 蔡先浩

设计团队 / 尚　超　潘志强　乐锦亮

参赛单位 / 广东顺德斗禾电子科技有限公司

KTPZ-3 数控机械加工设备

产品类别 / 电子与通讯类

主创设计 / 姚栋献

设计团队 / 黄坚烽　苏清强　邓浩景　仇登伟

参赛单位 / 广东顺德和壹设计咨询有限公司
　　　　　中山市金工鹏展数控设备有限公司

智能翻译机器人

产品类别 / 电子与通讯类
主创设计 / 邓浩景
设计团队 / 黄坚烽　苏清强　仇登伟
参赛单位 / 广东顺德和壹设计咨询有限公司

美的方智能烤箱

产品类别 / 家电与视听类
主创设计 / 梁伟彬
设计团队 / 王　荐　钟远东　赵　莉　邱向阳
　　　　　　杨　娇　栾　春　高　嵩
参赛单位 / 广东美的厨房电器制造有限公司
　　　　　　广东美的全球创新中心

PLAYBULB Solar

产品类别 / 照明与灯具类
主创设计 / 杨伟榕
参赛单位 / 深圳宝嘉能源有限公司

S500 太空按摩椅

产品类别 / 运动与休闲类
主创设计 / 叶智荣
参赛单位 / 叶智荣工业设计（深圳）有限公司

星际酷宝二代

产品类别 / 教育与娱乐类

主创设计 / 刘果昆

设计团队 / 经　超　张九州　李　锋

参赛单位 / 深圳市佳简几何工业设计有限公司

20L 植保无人机

产品类别 / 生产与装备类

主创设计 / 陈　博

设计团队 / 雷　迅

参赛单位 / 珠海羽人农业航空有限公司

儿童智能 3D 打印机 YEEHAW

产品类别 / 公共与办公类

主创设计 / 魏长文

设计团队 / 秦瑞记

参赛单位 / 深圳市浪尖设计有限公司

易瞳 VMG

产品类别 / 医疗与健康类

主创设计 / 谷　威

设计团队 / 谢　深　经　超

参赛单位 / 深圳市佳简几何工业设计有限公司

前海冰寒——PEGASI 智能睡眠眼镜

产品类别 / 医疗与健康类

主创设计 / 许林伟

设计团队 / 肖天宇 罗嶷 李 烨 温晶舟 杨燕来

参赛单位 / 深圳市无限空间工业设计有限公司

儿童成长秤

产品类别 / 家电与视听类

主创设计 / 李伟恒

设计团队 / 李先勇 李俊伟 梁雅雯 刘国成 陈 艳

参赛单位 / 广东香山衡器集团股份有限公司

智能空气净化机

产品类别 / 家电与视听类

主创设计 / 喻湘晖

设计团队 / 朱 伟 朱海宏

参赛单位 / 珠海蓝茵电子科技有限公司

　　　　　 珠海市科力通电器有限公司

P-Sink

产品类别 / 五金与卫浴类

主创设计 / 殷刘春

设计团队 /Venkat Tirunagaru 邵婷婷 邹旭光

　　　　　 刘 勇 王 涛 司徒荣杰 蔡文胜

参赛单位 / 珠海普乐美厨卫有限公司

SZ11-RL-40000/110
立体卷铁心油浸式电力变压器

产品类别 / 电子与通讯类

主创设计 / 许凯旋

设计团队 / 翟丽珍　梁庆宁　宋丹菊　谭恒志　梁毅雄
　　　　　张淑菁　司徒树伟　温德怡　余卓隆

参赛单位 / 海鸿电气有限公司

FTS30-16BR "清羽" 卧室风扇

产品类别 / 家电与视听类

主创设计 / 何惠仪

设计团队 / 侯　韦

参赛单位 / 广东美的环境电器制造有限公司

智能公章

产品类别 / 家电与视听类

主创设计 / 李展涛

设计团队 / 朱　聪

参赛单位 / 中山市纽邦工业产品设计有限公司
　　　　　中山市纳石兰图信息科技有限公司
　　　　　中山市铁神锁业有限公司

Skittles 系列

产品类别 / 家电与视听类

主创设计 / 李德祥

设计团队 / 黄　衡

参赛单位 / 广东美的生活电器制造有限公司

1.5T 拆除机器人

产品类别 / 生产与装备类
主创设计 / 肖旺群
设计团队 / 张志强　徐必勇　娄　明　陈　龙　王　翔
　　　　　范一鹏　刘江涛　周　雪　袁　悦
参赛单位 / 马鞍山飞渡工业设计有限公司

Nature Steam Oven

产品类别 / 家电与视听类
主创设计 / 侯邦斌
参赛单位 / 广东美的厨房电器制造有限公司

三轴无线电控系统

产品类别 / 家电与视听类
主创设计 / 朱昔华
参赛单位 / 中山大山摄影器材有限公司

E-Ton 童智能自行车

产品类别 / 运输与交通类
主创设计 / 刘书剑
设计团队 / 萧嘉鑫　吴炜智　梁锦俊
参赛单位 / 广东濠绅科技有限公司
　　　　　宁波摩根工业设计有限公司

可矣·茶室

产品类别 / 家具与用品类
主创设计 / 王　超
设计团队 / 刘永飞　肖锋刚　黄晓欣　李　衣
参赛单位 / 深圳市景初家具设计有限公司

广东工业大学与美的 USD 联合实验室的建设与探索

主创设计 / 胡 飞

设计团队 / 王 炜 周 坤 张 曦 邓诗卉 何景杰 谭 浪 潘 莉 黄 旋 张宵临

参赛单位 / 广东工业大学 芜湖美的厨卫电器制造有限公司

设计说明 / USD（用户研究）与美的热水器合作的 7 年，真实反应和浓缩了国家政策、产业以及设计的发展历程。USD（用户研究）联合实验室始终站在产业链前端，在合作中相互促进、影响，呈螺旋上升的发展态势。项目合作四年间，完成了用户研究、原型设计、专业培训、学术交流、人才培养和战略咨询六个大的方面，8 项重点项目。合作期间产生了巨大的经济效益和产业价值，实现产品创新、方法创新和协同创新三大创新模式。推出的活水系列，安全王系列和蓝牙音乐热水器获得了巨大市场成功，革新了人们的洗浴观念，引领产业发展。

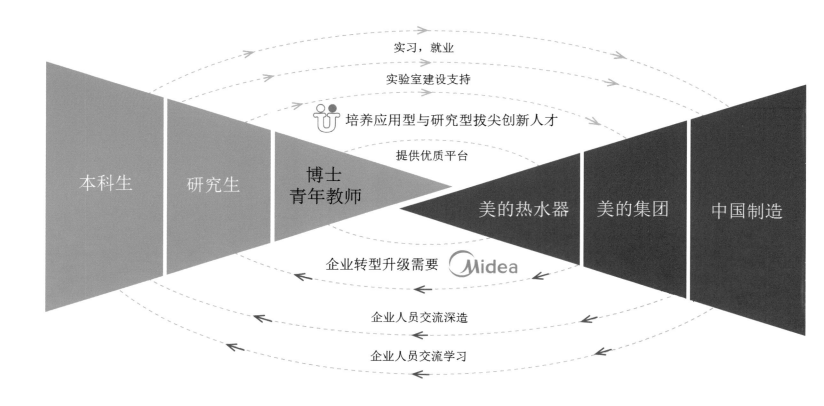

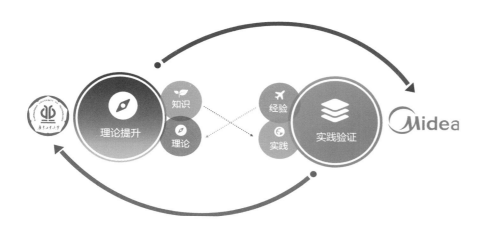

方所公共文化空间
具有高度联结性的体验式复合功能的新型商业模式

主创设计 / 毛继鸿

设计团队 / 郑 奋 李少玉 欧 武 成 晨 叶 姝 吴旭峰 徐淑卿 徐 薇 徐杰萍

参赛单位 / 广州市方所文化发展有限公司 广东方所文化投资发展有限公司

设计说明 / 基于体验、人文与新生活方式相融合的新商业模式，为知识分子、中产阶层、热爱文化艺术族群提供高品质的生活方式。一方面，方所将图书、时尚、手工美学、美食、儿童、美学等业态有机融合构建出一个以当代生活审美为核心的新生活美学体系。另一方面，方所作为多元文化的策源地和中心，通过文化活动、艺术策展、公共教育，为消费者提供一种内在需求的内容体系与能量场域，经由深刻的联结，方所最终生长出其独特的具有高度联结性、体验式、复合功能的新型商业模式。

中山市智能制造公共服务平台的产业创新模式

主创设计 / 张　帆

设计团队 / 钟永材　赖文聪　王小冬　平先才　丁伟伟　杜忠明

参赛单位 / 广东硕泰智能装备有限公司

设计说明 / 平台主要向企业提供六大服务：

一、智能制造一体化解决方案；

二、关键共性技术联合研发服务；

三、专业人才培训服务；

四、设备融资租赁服务；

五、典型案例展示体验服务；

六、智能制造情报和技术咨询服务。

UXD 体验设计协同创新平台

主创设计 / 胡　晓

设计团队 / 张运彬　林建宁　刘　琳　苏　菁　徐　卓

参赛单位 / 广东省善易交互设计研究院　广州美啊教育有限公司北京分公司

设计说明 / 中国首个 UXD（用户体验设计）体验设计协同创新平台，旨在深化国内外行业研究，强化人才培养，提升 UXD 在促进产品和服务创新、技术创新、商业创新、管理创新和业态创新方面的应用；搭建国际交流合作平台，引领中国体验设计业与全球的创新交流，推动产业生态的发展，实现经济结构优化和产业转型升级。

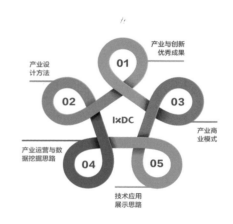

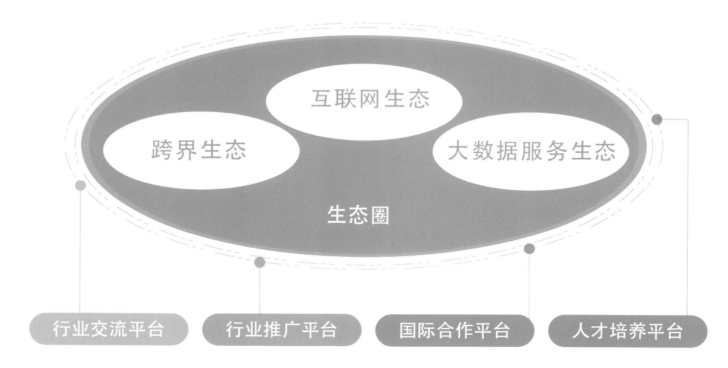

融入环境式骑楼停车库

主创设计 / 戴水文

设计团队 / 潘卫东　张亚东　李　剑　王远志

参赛单位 / 广东明和智能设备有限公司

设计说明 / 设计一种绿色、节能、环保的立体停车库，可在原有车位、绿化景观带、人行通道上设计立体停车位。这是在不打破原有外部环境、原有景观的基础上快速搭建的一种智能立体车库。可与不同风格的建筑配备，做到和谐、统一。车库侧面及顶部设置光伏板，为车库设备提供能源，绿色环保无污染。

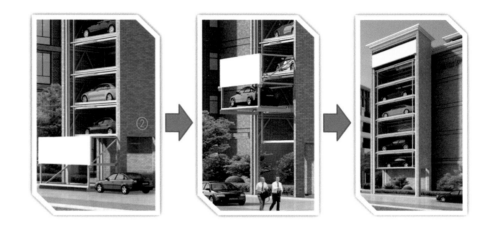

深圳市数字创意公共技术服务平台

主创设计 / 王效杰

设计团队 / 李 亮 孙 为 谭 昕 李 志 刘大申 张 宁 刘 腾 高震霖 余灿灿

参赛单位 / 深圳职业技术学院数字创意学院

设计说明 / 以创意设计为核心,结合数字化创意技术实现手段与产学研协同创新为主要途径,推动区域制造、文创与现代服务等产业的工业产品、数字产品、服务产品通过本平台支持,实现工业产品研发设计与原型制作全程数字化、用户体验与生产装配虚拟化、数字产品设计制作生产数字交互信息化、服务产品创意设计全程数字可视化,推动产品创意设计与制作生产全程绿色生态友好、减少研制成本与周期、优化用户交互体验设计,并支持广东省教育厅批准的数字创意公共实训中心。

设计移动生态水产产业模式
高质水产品"云"养殖商业模式

主创设计 / 黎泽深

设计团队 / 杨　雄　陈永航　孔河清　陈惠玲　马　昕　吴长彩　黄凯辉　陈永红　谢飞龙

参赛单位 / 广东新会中集特种运输设备有限公司　广东省新的生物工程研究所有限公司

　　　　　江门市艾迪赞工业设计有限公司

设计说明 / 本项目将水产养殖技术、现代微生物污染净化技术、高端装备制造技术、工业设计技术完美融合，再通过分级养殖设计，在提高养殖密度之余，充分利用了养殖水体空间，其每立方米水体每年产出的水产品是传统水产养殖模式的 30~80 倍，甚至更高，极大地提高产量，解决资源短缺、环境污染、食品安全问题。

大家艺术区打造共享经济文创产业新园区

主创设计 / 罗晓音

设计团队 / 陈笑翎　黄易特　邢广聚　雷　艳　王小凌　曾穗娟　朱耀兴

参赛单位 / 东莞市创意谷实业投资有限公司

设计说明 / 艺术区一直致力于如何维护适应文化创意设计产业健康发展生态的良好环境，打造以"创意设计""文化"为核心竞争力，以服装设计、室内设计、平面设计三大核心设计产业群为支柱，以金融、研发服务、教育培训等高端现代服务业为主导，以展览、高级定制等延伸产业为支撑并体现生态环保概念的文化创意产业园区。

Choice Inet（齐才网）
基于 3D 打印技术的创意网络服务平台

主创设计 / 李华雄

设计团队 / 王　晖　陈德胜　陈春浩　吴家欢　刘春锦　陈嘉伟　张嘉炜

参赛单位 / 佛山职业技术学院

设计说明 / 本设计旨在基于 3D 打印技术、网络技术、电子商务平台，共同组成一个发现创意、共享创意、保护创意的创意网络交易与服务平台。以"众包"的方式，充分利用网络资源，形成 3D 打印机制造集群，汇合不同领域、不同层次的研发课题与需求，让社会民众充分参与产品制造过程，以最经济的生产方式，满足个性化、实时化的长尾需求。

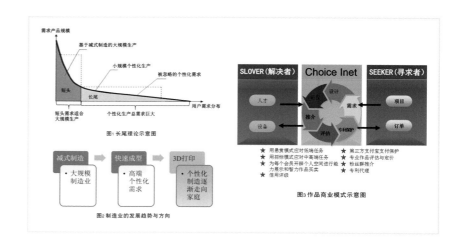

图1 长尾理论示意图

图2 制造业的发展趋势与方向

图3 作品商业模式示意图

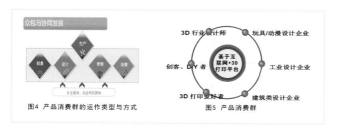

图4 产品消费群的运作类型与方式　　图5 产品消费群

互联网+ 驾驶场景个性化应用产业化

主创设计 / 林少媚

设计团队 / 赖声发　王文兰

参赛单位 / 广东翼卡车联网服务有限公司

设计说明 / 企业自主研发车联网云平台,开放专利技术与导航厂家合作,使其产品接入云平台,为其设计定制个性化操作用户界面,解决车主驾驶场景个性化需求,让车主享受云平台智能出行,给车主提供有价值、有体验感的服务。

南方教育装备创新产业城

主创设计 / 邵继民

设计团队 / 徐昊翔　刘延圆　崔颖茵　谭海燕

参赛单位 / 南方教育装备创新产业城

设计说明 / 以江门建设全国小微企业创业创新示范城市和广东珠西智谷为平台;建设以教育装备设计研发、展示交易、产业孵化为一体的现代教育装备全产业链,打造全国新型教育装备创新产业系统和产业示范区;协同政府、教育、设计、制造、金融等多方力量,通过多部门跨行业的方式,共同打造中国教育装备产业发展的协同创新平台。

高性能模拟集成电路的设计和产业化

主创设计 / 陶　海

参赛单位 / 广东希荻微电子有限公司

设计说明 / 高性能电源管理芯片包括锂电池充电管理芯片、核处理器供电芯片等，这些芯片主要用于手机、平板电脑等移动设备产品。

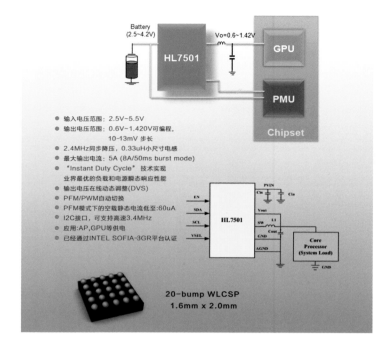

宏山激光——设计思维驱动下的装备制造

主创设计 / 梁鸿瑜

设计团队 / 常　勇　张惠忠　杨　杰　杨晓丽　魏海利

参赛单位 / 佛山市宏石激光技术有限公司

设计说明 / 始终专注于激光智能设备领域的宏石激光技术有限公司，当前已有 10 000 多台激光智能设备在世界各地稳定运行，销售量全球领先。宏山激光的设计创新能力成为企业自身内部结构资源优化和推动产业发展的核心驱动力。其主要存在三种作用：设计前置、设计驱动和设计协同。产品被评为高新技术产品。

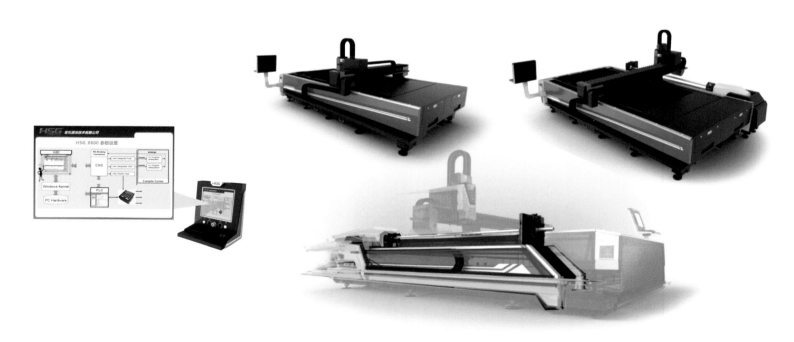

具备云计算核心专利芯片的国芯云一号及睿云桌面系统

主创设计 / 杨立群

设计团队 / 张元标　孟智慧　杜婷婷　陈远雄　陈有福

参赛单位 / 珠海国芯云科技有限公司

设计说明 / 云计算专利芯片——首创动态资源调配算法，打破传统 FIFO（先进先出队列）算法产品原理；睿云桌面系统——新型办公桌面：通过云计算的方式，用户从国芯云超算中心获取到自己独立的办公桌面，不完全依赖本机的计算资源，主要靠超算中心智能调度，分布式计算，分布式存储。

D2C 缔创者设计实训平台

主创设计 / 老柏强

设计团队 / 李建平　李军平　尹晓丽

参赛单位 / 广东同天缔创者科技有限公司

设计说明 / 以实现人才孵化、产业循环、创新标杆为目标，旨在推动创新设计发展和创新设计理念传播，是国内首创实战型设计师"技、艺、业"成长实训平台。D2C 平台依托广东工业设计城和全国 8 个省份的 13 个创新设计园区为实训基地，联合顺德创新研究院、工业设计协会和全国300 所知名院校，组建以"琢玉"精神为教学理念的资深实训导师团队，整合各实训基地所在产业带的数千家优质设计机构和创新企业资源，具有理论技能教学、开放体验制造产业链全貌、传承分享实战案例及经验、导师企业游学演练、创业启蒙扶持、项目开发培育等多元培训模式。

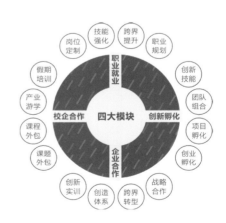

四轴自动焊接机

主创设计 / 黄　骁
设计团队 / 王汉友　李祝平　翁茂堂　陈振益
参赛单位 / 五邑大学　江门市丽明珠箱包皮具有限公司

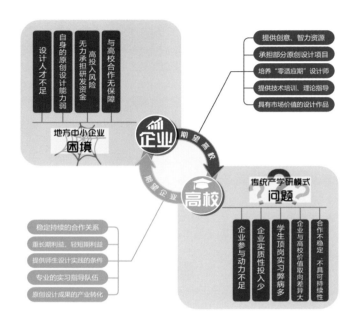

左右创意园

主创设计 / 杨潇祎
设计团队 / 万　檬　李　祥　李建荣　廖素花　王　澎　刘育丽
参赛单位 / 珠海恒逸投资有限公司

设计说明 / 以江门建设全国小微企业创业创新示范城市和广东珠西智谷为平台；建设以教育装备设计研发、展示交易、产业孵化为一体的现代教育装备全产业链，打造全国新型教育装备创新产业系统和产业示范区；协同政府、教育、设计、制造、金融等多方力量，通过多部门跨行业的方式，共同打造中国教育装备产业发展的协同创新平台。

螺母、螺钉焊接技术智能装备集成与应用

主创设计 / 余　鹏

设计团队 / 余品辉

参赛单位 / 清远诺巴特智能设备有限公司

生产效率
提高**24倍**

人力成本
下降**96%**

工伤事故
减少**95%**

不良品判别率
100%

年创收
28~56万

世界之美——原创陶瓷展示馆

主创设计 / 丘广安

设计团队 / 杜加喜　熊龙飞　孔月婵　黄世基
　　　　　廖义华　陈小荣　卢振洪　谢志明

参赛单位 / 佛山市派的科技有限公司

海关智能查验平台项目

主创设计 / 黄龙灼

设计团队 / 张　广　何伟坚　曾坚莹　唐靖彬
　　　　　张文峰　黄育泉　李繁华　周佳悟

参赛单位 / 东莞中旺精密仪器有限公司
　　　　　云浮华云创新设计有限公司
　　　　　广东华南工业设计院

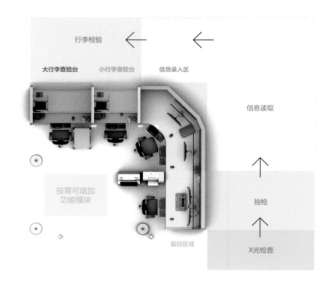

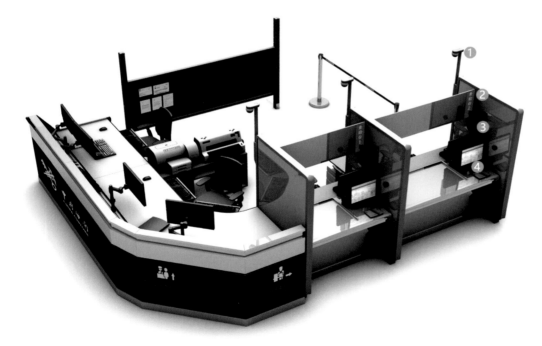

❶ 可移动性摄影工具：智能取证方式，减少执法数据不严谨性

❷ 设立隔断分区：保护旅客个人隐私，提高人性化执法力度

❸ 3D头像生成模块：电子信息采集，建立大数据库，提高执法准确性，自动采集旅客信息，减少对旅客负面情绪

❹ 对外操作模块：执法透明化，信息对外更为严谨，减少行政纠纷

茶产业的蜕变之路

主创设计 / 杨 静

设计团队 / 苟亚波 吴 晗 庄 彪 曾福恒 毛 星 陈雾霞 彭长涛 朱锐涛

参赛单位 / 佛山六维空间设计咨询有限公司

设计说明 / 中国茶曾经作为丝路上最珍贵的礼物传播到世界各地，今天依然是中国人友善而独特的待客之道。但是中国茶在饮用方式和冲泡方法上比较单一，如何开发一系列符合现代人生活节奏和习惯的茶类新产品，是本设计方案的解决目标。以对人身体健康有价值的茶多酚为主要原料，开发一系列茶多酚新产品，包括茶多酚风味饮料、口气清新剂、含片、口香糖、胶囊、一次性即饮暖杯等。为中国茶文化和产业的传承与发展提供创新设计方案。

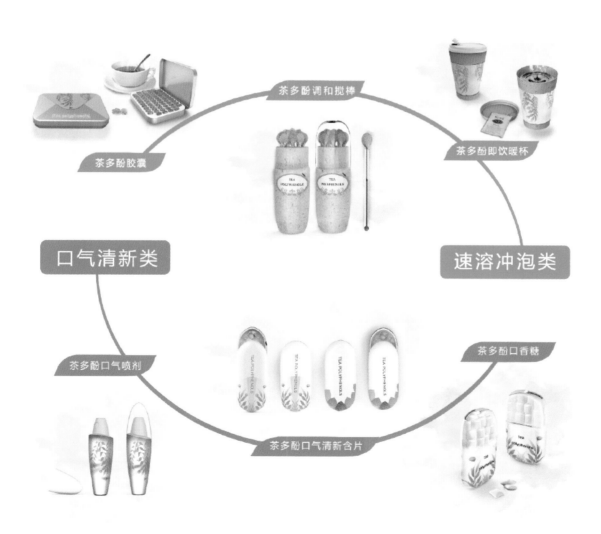

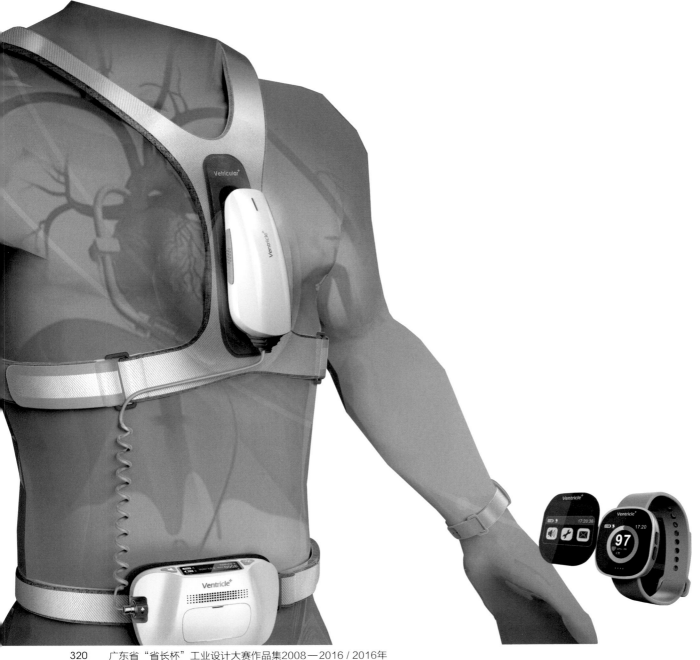

心脏血液循环辅助设备

产品类别 / 健康类

主创设计 / 陈大鹤

设计团队 / 林书锴　李熹　赵达源　朱耀华　谢燕颜　朱灿明　梁嘉伟

参赛单位 / 东莞市华设工业设计有限公司　广东华南工业设计院

设计说明 / 该产品属于国内首创自主研发的心室血液循环辅助设备，内部采用钛合金转子特殊流线设计，结合体外磁驱动技术使得患者无须体外接线，减少手术中的风险。该设备的主要作用是辅助心衰患者维持身体机能，给心脏提供动力，促进血液循环，有效地帮助心脏衰竭的患者维持生命迹象，延长生命周期，甚至帮助早期心衰患者恢复心脏正常功能。心脏血液循环辅助设备作为植入于体内的电子治疗仪器，在临床手术时因其安装简单、创伤小、痛苦轻、疗效显著，易于为医生和患者接受。针对心脏病患者数量的逐年增加和医疗资源缺乏的需求，该产品巧妙地整合先进医疗技术与科学原理，及时有效率地帮助病患者解决需求，使先进医疗服务更平民化地被大众接受。

产品优势：

1. 无限脉冲驱动。结合体外磁驱动技术驱动体内血泵模块，有效地减少操作风险与手术后感染的概率。

2. 实时数据传输。制器内置储存数据传输功能，可实现实时数据传输并进行相应信息提示，让患者、医生和家属之间有效地进行关怀与沟通。

3. 医疗数据云平台。于云端数据传输技术，构建医疗信息数据平台，对区域内的患者进行采样并做数据分析。

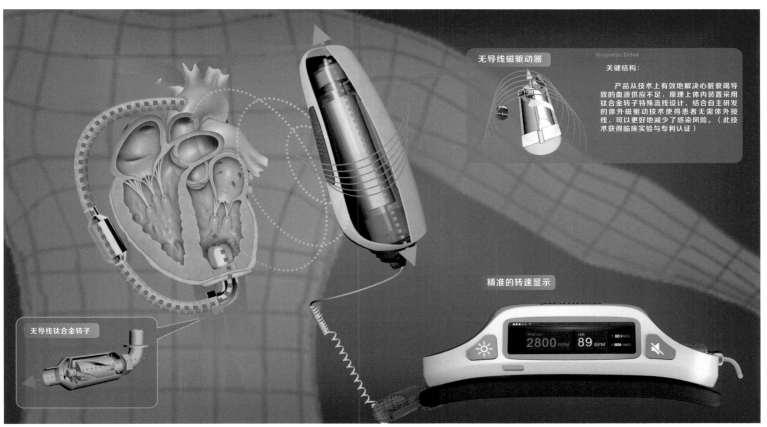

无导线磁驱动器

Magnetic Drive

关键结构：

产品从技术上有效地解决心脏衰竭导致的血液供应不足，原理上体内装置采用钛合金转子特殊流线设计，结合自主研发的体外磁驱动技术使得患者无需体外接线，可以更好地减少了感染风险。（此技术获得临床实验与专利认证）

无导线钛合金转子

精准的转速显示

2800 RPM   89 BPM

Letigo 折叠式城市电动车

产品类别 / 出行类

主创设计 / 杨虹斐

设计团队 / 陈健坤　麦伟杰　禤阳彬　郭淑霞　杨逸文

参赛单位 / 广州哈士奇产品设计有限公司

设计说明 / 在城市与科技高速发展的今天, 交通工具成为人们日常出行的关键选择.折叠式城市电动车在响应全球提倡绿色节能环保的同时, 也为人们的日常出行需求提供了一个方便快捷的出行方式。

聚合式智能展示茶几

产品类别 / 生活类

主创设计 / 陈建亮

设计团队 / 黄　炟　邱健强　甘　亦　段欣如

参赛单位 / 广州入一聚家科技有限公司

设计说明 / 低奢轻潮的一体化茶几。倡导"化繁为简"理念，创造了以茶几为载体，将中式饮茶所需的电热泡茶机、茶盘、茶具展示、茶具消毒与收纳、废水桶与纯净水樽收纳以及智能手机等设备的 USB 插口与无线充电等关联功能及器具巧妙嵌入，并提供选配的投影机、香薰加湿机或观赏鱼缸、盆栽等模块化系统产品。整合家具、家电、日用器皿、照明等跨产业资源，为中高端饮茶生活方式创造远离杂乱无章，走向现代简约生活美学的极致用户体验提供系统产品解决方案。

高密度移动水产生态养殖系统

产品类别 / 工作类

主创设计 / 陈惠玲

设计团队 / 孔河清　谢飞龙　陈永航　杨　雄　马　昕　黎泽深　李家强　甄锦颖　郭　峰

参赛单位 / 广东新会中集特种运输设备有限公司　广东省新的生物工程研究所有限公司
　　　　　　江门市艾迪赞工业设计有限公司

设计说明 / 传统的水产养殖甚至工厂化养殖多以流水式或开放式为主，直接利用自然水体或修筑池塘、水池进行养殖，不仅面临着土地、水资源、能源和环境污染等多种因素的制约，还容易引起大量的有机物如残饵、排泄物等进入水体和底质，不仅浪费资源，造成环境污染，增加养殖病害风险，还可能引发药物、抗生素残留等食品安全问题。水产品还存在运输设备要求高、运输费用高等问题。

而集装箱式高密度移动水产生态养殖系统就能很好地解决上述问题，它是将集装箱结构和先进的养殖技术、污水处理技术和病害防治方法进行完美结合，成为高端生产装备，具有高产高效、稳定可靠、操作方便、节能环保、运输便捷及费用低等优点，实现水产品的产量和质量可控，减少环境污染。

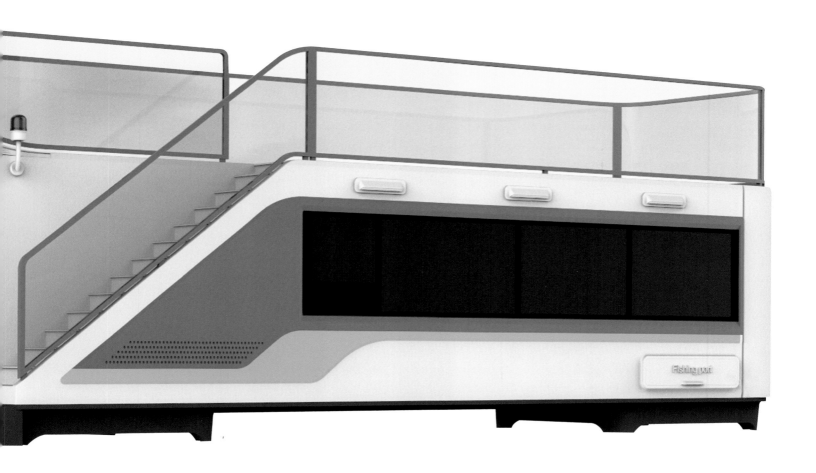

Aifi 埃法智能美颜宝

产品类别 / 健康类

主创设计 / 陈永航

设计团队 / 李家强　马昕　吴杰超　徐若谷　吴东政　甄锦颖　吴佳雯

参赛单位 / 江门市艾迪赞工业设计有限公司　深圳埃法智能科技有限公司

设计说明 / 拥有发明专利 PTC（热敏电阻）远红外发热技术，产品有监测六项皮肤指标、APP 智能化、云服务等多项创新功能。根据亚洲人脸型设计，完美贴合人脸。中部眼口覆盖件通过扣位和母体结合，设计有小孔方便嘴巴和鼻子呼吸，面部可全方位护理。覆盖件也可以取下，将眼睛和嘴巴露出来，方便护理的同时处理其他事情。

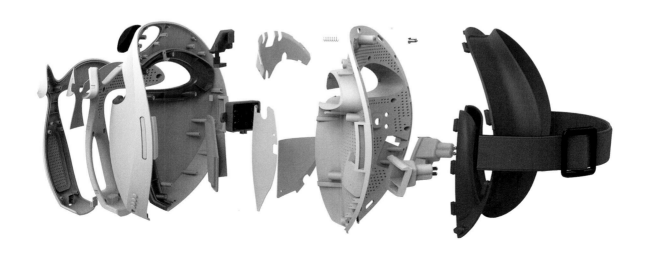

折叠电动自行车

产品类别 / 出行类
主创设计 / 谢玉华
参赛单位 / 佛山市迅行机电科技有限公司　佛山市柏飞特工业设计有限公司

设计说明 / 本设计主要针对都市人群使用公共交通工具出行最后 1 千米的解决方案。该设计的三角框架折叠方式，为全球独有设计，并已获得过相关知识产权；这种折叠方式兼顾了折叠后的搬运方便与展开使用时的结构稳固性。折叠后的车体可借助辅助轮轻松地推行或拉行，区别一般折叠车必须手提搬运。该产品可以选择纯电动、电能助动、人力三种形式，在解决日常出行问题的同时，在闲暇之余还能做运动健身。

Cooling and Dust-free

产品类别 / 工作类
主创设计 / 林如龙
参赛单位 / 五邑大学

设计说明 / Cooling and Dust-free 装置，是一款附加性配件的改良设计，市场中现有的迷你手锯在使用过程中会制造大量的灰尘，如为灶炉开灶口时，切割食材过程中就会产生大量的灰尘，这些灰尘一旦被人体吸入，容易给人们带来不适感或呼吸疾病。因此，为了改变这一缺陷，我们对迷你手电锯的锯片盖进行了巧妙性的创新设计，加入注水的功能使扬尘全部沉积下来。

原石

产品类别 / 生活类
主创设计 / 唐新宇
设计团队 / 蔡春兴
参赛单位 / 广州依趣服装有限公司

设计说明 / 原石的粗犷纹理与天然肌理是创作的灵感源泉。每一块原石都是独一无二的，正如每一个不可复制的生命体，各具特色而又坚韧不拔。也许人类的棱角会被岁月无情磨平，但每个人心中都会住着一块质朴的原石。

环保蛋糕盒

产品类别 / 生活类

主创设计 / 林炳塔

设计团队 / 陈振益　阳永才　黄暖婷　李克军

参赛单位 / 五邑大学　三明学院　江门古旗亭工业设计有限公司

设计说明 / 基于对传统蛋糕盒使用方式的调查，发现蛋糕盒及盘子和刀叉用塑料制成，每次用完后即当作垃圾扔掉，浪费材料也不环保。本设计用纸制材料加工蛋糕盒，采用模块化设计，蛋糕盒可以当作蛋糕盘及刀叉使用，方便且环保。

空气制水机

产品类别 / 生活类

主创设计 / 高　玲

设计团队 / 邓均朝

参赛单位 / 广东顺德高瓴科技有限公司

设计说明 / 高端、高科技、高品质、低碳环保技术整合情况空气制水机从空气中冷凝制水，经过多层净化过滤，达到饮用标准，无须接水源，插电即可有纯净水饮用，在无水源的地方使用最适合。

空气制水机不需要外接水源，远离污染，无菌无重金属，绿色安全，它相当于是净水机、空气净化器、除湿器的结合，一机多用。在材料工艺选择上，外壳采用可回收 ABS（丙烯腈－丁二烯－苯乙烯共聚物）塑料与环保不锈钢，材料可回收。前面板使用通用件设计，不同机型共用相同的面板，减少模具与成本达到节能环保的效果，独家无废水纯水机技术，7 层纳米级过滤，无废水排放，绿色环保。

聚合式移动茶台

产品类别 / 生活类

主创设计 / 黄楚彬

设计团队 / 李　媛　丁　熊　黄俊熙　张惠敏　郭卫彬

参赛单位 / 广州入一聚家科技有限公司

设计说明 / 以颠覆式创新思维创造的移动式一体化茶台。以系统设计方法将中式饮茶所需的电热泡茶机、茶盘、茶具收纳、废水桶与纯净水樽收纳、绞盘式电源线等功能器具与配件巧妙嵌入一张带有轮子的茶台，并配置了蓝牙音箱。用户可轻松推行至客厅、阳台、书房、卧室，供泡茶享用。

整合家具、家电、电子、日用器皿等跨产业资源，为中式饮茶创造了全新的移动使用方式与生活体验。弯曲板实木或可丽耐石材桌面的移动式茶台，具有可开合的突出特性。茶台内有可升降智能泡茶机、旋转门茶具收纳柜与矿泉水樽仓、抽屉式废水桶和嵌入式蓝牙音箱。

无叶吊扇

产品类别 / 生活类
主创设计 / 吉明静
参赛单位 / 广东美的环境电器制造有限公司

设计说明 / 我们创造性地把风扇和照明集成到一起吊在房顶，采用涡轮增压器把风从风洞带出，形成风力，解决了一般电风扇存在的占用空间、收纳不便和冬季产品闲置问题。灯光采用 LED 照明，可以下载手机 APP 控制灯光氛围和风的模式，使产品不会被季节所限制，而且会让生活更轻松惬意，如：我们可以在餐厅用餐时享受灯光和轻抚的微风；在房间睡觉时可以利用灯光颜色和风量调节房间的氛围和情调。

HOME

产品类别 / 健康类
主创设计 / 石春雷
设计团队 / 朱丽萍
参赛单位 / 个　人

设计说明 / 自然灾难和应急突发事件的发生会造成严重的经济损失和人员伤亡，由于受地理位置的影响，会阻碍救援工作的快速展开。HOME 针对这一问题进行设计创新，通过降落伞的形式进行空投，增加空投数量。在地面经过充气形成帐篷，基于情感化设计的三种水平，以及由其引出的人在地震中的情感分析，浑然饱满的造型使人感到安全，部落式的聚集以温和的方式传达出光明、希望、关爱等正面、积极的情感，以帮助人唤回心中的希望。

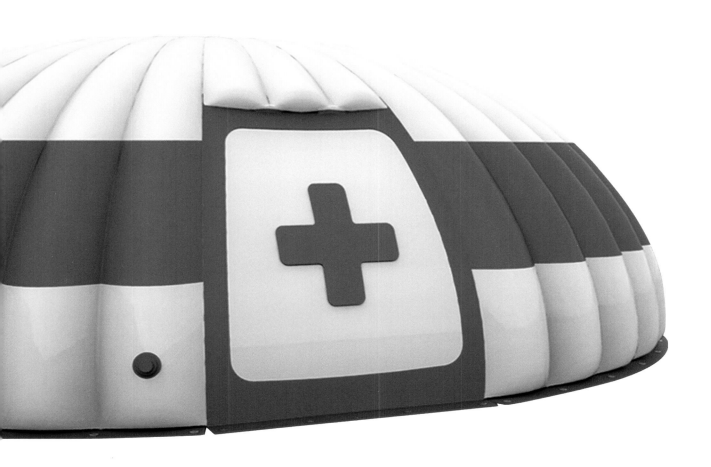

棍装咖啡

产品类别 / 生活类
主创设计 / 黄川耀
设计团队 / 陈航威　董雪旸　刘　悦　李启光
参赛单位 / 电子科技大学中山学院

设计说明 / 这是一根内部装有咖啡粉的搅拌棍。当使用者咬掉其中一端后可以把里面的咖啡粉倒出来冲咖啡，并用它来搅拌咖啡；搅拌棍主用原料是高粱粉、大米粉和小麦粉，可以食用并且能够放置在热饮之中一段时间不被软化，扔掉后也可以自动分解，不造成污染。有了它后冲咖啡不必再去清洗搅拌棍，让生活更加便利。

便捷泡脚纸桶

产品类别 / 生活类
主创设计 / 周荣锋
参赛单位 / 中山市小榄镇广丰纸类印刷包装厂

设计说明 / 我们团队研发了双面防水纸板（材料），具有双面防水和耐高温的特点。我们把这种材料通过创新的结构造型设计，变成一个实用性的产品：便捷泡脚纸桶，产品的材料使用率非常高，由一块完整的"纸板"通过绳子的拉动收缩迅速成型，变成可以承受 12 kg 质量和抵抗相应水压的"纸桶"，同时具有双面防水、耐高温（达 105℃）的特点。纸桶的发明是为了旅游住宿人群可以在酒店房间里面享受到泡脚，让他们舒缓疲劳、提高睡眠质量。（通过多次开水长时间耐高温浸泡与防水试验，多次实践泡脚使用，已经证明该产品是实用而又可行的）希望泡脚纸桶的发明能够创造出新市场，而且也能够为纸类加工行业的转型升级带来希望。

日历药签

产品类别 / 健康类
主创设计 / 杨　浩
设计团队 / 蔡　霞　陈　烨
参赛单位 / 北京理工大学珠海学院

设计说明 / 老年人经常会忘记自己一天的用药情况，日历药签中的每一个日期栏中贴上药签，每一个药签中都装着药，这些药签可以直观记录并反映老人当日的用药情况。老人手部力量不足，传统的药瓶很难拧开，日历药签通过撕取的取药方式，使老人取药更加方便。人们在使用传统包装的药品时，往往会令药品与手直接接触，这样会导致细菌感染，很不卫生。日历药签以撕开的方式使人在吃药的时候避免药品与手直接接触。倘若老人因事外出，可以按外出天数撕取一定量的药品，保证正常的吃药规律；药签节省空间，便于携带。

Fresh-Date 电子打印保鲜膜

产品类别 / 生活类
主创设计 / 苏美先
设计团队 / 陈锋明　陈煜杰　陈少龙　杨均龙
　　　　　颜燕辉　梁嘉敏　杨伟鹏　蔡小丽
参赛单位 / 深圳市格外设计经营有限公司　广东工业大学

设计说明 / Fresh-Date 是把电子日历与保鲜袋结合的设计，当取出保鲜膜时，利用激光技术把日历上的日期刻在保鲜膜上，让食物的保鲜日期有明确的指示。当食物超过有效期，人们可快速直观地获取食物新鲜度的信息，减少食用过期食物对身体造成的危害与浪费食物，让人们吃得放心，环保生活。

形变多功能躺板

产品类别 / 工作类
主创设计 / 曾志成
参赛单位 / 广东轻工职业技术学院

设计说明 / "形变"是一款为工人打造的功能性坐具，随着工人的工作状态和休息状态，根据人机学，通过手拉式将坐具的形态改变来达到适应工人休息和工作的舒适度。

宿舍系列家具

产品类别 / 生活类
主创设计 / 何善恒
参赛单位 / 顺德职业技术学院

设计说明 / 宿舍系列家具作为公共家具，它既要满足学生们宿舍生活需求，又要满足安装工人的安装需求，还要满足学校利益需求。针对学生，它能提供三种不同的工作模式；针对工人，它的安装既方便又广泛；针对学校，它的安装成本更低。

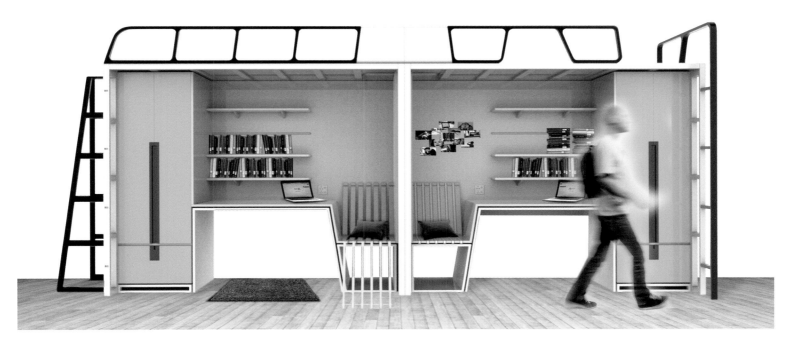

随气随锁

产品类别 / 出行类
主创设计 / 许华威
参赛单位 / 广东轻工职业技术学院

设计说明 / 打气筒与单车锁的结合,可以说更方便骑行者携带,出行时,就不会担心车轮的气够不够,既能打气又能防盗,充当了两者功能的设计。

农耕机设计

产品类别 / 工作类
主创设计 / 周晓阳
参赛单位 / 东莞职业技术学院

设计说明 / 现在市面上的农耕机大多都存在一些安全隐患,让操作者在使用时受到人身伤害,在外观上也较为简陋,没有更多安全保护措施。该产品将挡板进行再设计,避免使用者被铰伤,其方向也可旋转,可方便操作者操作机器,前部安装灯泡,方便阴天或者夜间操作,提高工作效率。

字母世界

产品类别 / 娱乐类
主创设计 / 曾庆宣
参赛单位 / 广州美术学院

设计说明 / 利用每个字母独特的造型, 再赋予吸力, 极大地提高了字母拼装模型的能力, 不仅能提高儿童的动手能力和想象力, 还能加深对字母的了解和印象, 有助于儿童的学习启蒙和后期的学习。

优儿亲子车

产品类别 / 出行类
主创设计 / 韩　青
参赛单位 / 北京理工大学珠海学院

设计说明 / 自行车作为一种简便无污染的交通工具, 越来越受到大家的关注和喜爱, 传统的亲子车结构复杂, 功能单一, 不够灵活。而这款亲子车设计在结构上优化, 让它更加简单、更加灵活, 使用上更加方便。

Self Heating 护膝

产品类别 / 健康类

主创设计 / 苏　平

设计团队 / 刘　健

参赛单位 / 南华大学 six 设计创新工作室

设计说明 / Self Heating 护膝是一款具有发热与磁疗功能的医疗保健产品。该护膝的功能特色在于利用人体腿部弯曲产生的力来发电，对膝盖部位进行热敷与电磁疗。该产品不仅可以对膝关节炎进行治疗与保暖，还可以有效督促患者加强活动频率，增强锻炼以巩固身体状态。

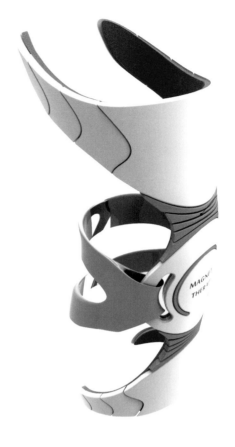

Skirt-Bag

产品类别 / 出行类

主创设计 / 吕旭涛

参赛单位 / 五邑大学

设计说明 / 针对人在骑单车的时候突然下雨的情况，将雨衣与书包结合，以时尚的透明材料做成可用拉链连在书包上的雨衣。符合潮流的服装设计区别于传统的雨衣，告别雨衣淋雨后不知从何放置的烦恼。

Convenient Travel 可携包儿童滑板车

产品类别 / 出行类
主创设计 / 杨逸文
设计团队 / 陈健坤　麦伟杰　禤阳彬　张宏飞　龙　瑶
参赛单位 / 广州哈士奇产品设计有限公司

设计说明 / 现今,儿童使用的书包由原本的背包改善为拉杆式的书包,一定程度上减轻了儿童的负担,但其仍旧会显得笨重。小孩在拉着书包走的时候,一是带来行走的不便,二是在放学途中回头查看书包时,存在一定的安全隐患,因此我们可借此机会重新思考该类产品的设计。

多功能担架

产品类别 / 工作类
主创设计 / 吴新应
参赛单位 / 欧蒙设计有限公司

设计说明 / 从团队救难改为个人救难,装备设计针对固定伤患主要部位支点,透过救生器材的多功能担架的新设计,救灾人员能独立救援,相同人力既能突破过去的救援效率,用高速度安全的方式进行救生,并在救援黄金时间内救助到更多的伤患,以减少灾难的灾患人数。

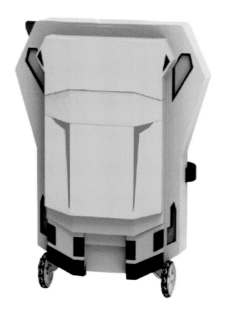

Sorting-Bags

产品类别 / 生活类
主创设计 / 林如龙
设计团队 / 石嘉伟
参赛单位 / 五邑大学

设计说明 / Sorting-Bags 通过对单肩包表面的分件化处理和三个特殊缝制槽的组合表达，让其实现对包内空间的合理有序使用，从而解决短途旅行中与其余物品混放的困扰问题；当到达酒店后，把 Sorting-Bags 前幅打开，此时袋子即可充当收纳挂袋和小衣柜相结合的作用；搭配糖果色彩使 Sorting-Bags 更受青睐。

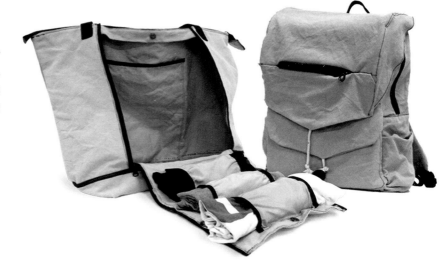

垃圾处理器

产品类别 / 生活类
主创设计 / 邓浩景
设计团队 / 黄坚烽　苏清强　仇登伟
参赛单位 / 广东顺德和壹设计咨询有限公司

设计说明 / 厨房食物垃圾处理器是一种现代化的厨房电器，安装于厨房水槽下方，并与排水管相连。通过交流或直流电机驱动刀盘，利用离心力将粉碎腔内的食物垃圾粉碎后排入下水道。粉碎腔具有过滤作用，自动拦截食物固体颗粒；刀盘设有 360 度回转的冲击头，没有利刃，安全、耐用、免维护。可方便地将菜头菜尾、剩菜剩饭等食物性厨房垃圾粉碎后排入下水道。粉碎后的颗粒直径小于 4 毫米，不会堵塞排水管和下水道。可轻松实现即时、方便、快捷的厨房清洁，避免食物垃圾因储存而滋生病菌、蚊虫和产生异味等，从而营造健康、清洁、美观的厨房环境。

红外扫描尺

产品类别 / 生活类

主创设计 / 梁利满

设计团队 / 黄先华　刘诗锋

参赛单位 / 广东顺德东方麦田工业设计有限公司

设计说明 / 调研发现，市场上的卷尺、直尺等测量工具，还不能很好地解决长距离不规则线状物的测量问题，存在着一些不便。红外扫描尺，很好地解决了这一问题，绳子等线状物体通过中间部分的红外扫描环，就可以实时读取扫描的距离，直观、方便、快捷。同时还具有普通软尺的测量功能，一物多用。

平衡杯（帕金森患者、手抖人群专用水杯）

产品类别 / 生活类

主创设计 / 叶世聪

参赛单位 / 个　人

设计说明 / 这款平衡杯设计主要针对帕金森患者和手抖人群等特殊人群而设计，为他们喝水难题提供解决方案；这款杯子通过杯里环形平衡装置保证即使再大的震颤也不会有一滴水洒到外面，保证了老人的安全，不会被热水烫到，还保证了帕金森老人在公共场合喝水时不会显得太过尴尬，是一款充满人文关怀的水杯设计。

EASY（瓶身易识别标识设计）

产品类别 / 交互类

主创设计 / 庞　鑫

设计团队 / 王保民　喻圣荣　李雪娜　谢　思　林振源　王秋活　彭芳羽

参赛单位 / 朱古力设计咨询（深圳）有限公司

设计说明 / 采用人们喜欢捏泡泡的心理习惯，创造性地在瓶身标签上加入了小的气泡，增加产品与人的交互，同时利用手机解锁的九宫格原理，将气泡有规律地排列好，当使用者需要给瓶子做记号时，只需有规律地挤破几个标签上的泡泡，即可露出底层红色部分，从而达到了标记瓶身的目的。

Life is Simple——引流水桶设计

产品类别 / 生活类

主创设计 / 纪建宇

设计团队 / 黄惠玲　薛云蓝　王静静　黄其珍

参赛单位 / 江西财经大学

设计说明 / 人们经常会用水桶接水，在洗水槽处接水往往需要另准备水管引流到水桶之中，或者用小的容器接水转移到水桶中。要接满一桶水变得十分麻烦。此款设计将水桶柄改为 PVC（聚氯乙烯）纤维软管，软管一端无缝连接桶身。需要接水时，只需轻叩一端取下水管头弯曲连接水龙头便可接水，接满水后将软管叩回原处即可变成水桶柄将满桶的水拎起。水桶柄巧妙的改变，方便了生活。

基于建立有效秩序的交通控制系统服务设计

产品类别 / 服务类

主创设计 / 李立全

参赛单位 / 深圳市嗨创意文化传播有限公司

设计说明 / 我们在斑马线两端装置了通讯监控系统，即每一个通过斑马线的行人，只要您携带了手机闯红灯，无论您是行人还是骑电动车的，甚至是开车的司机，其手机信号都可被通讯监控系统所捕捉到，就在此时通讯监控系统会向您的手机发送一条短信，提示您已经违反交通秩序，请接受处罚。处罚金额从手机话费中自动扣除，由通讯商代为管理。 此系统与红绿灯的运行并行，即红灯时系统启动，绿灯时系统关闭。 监控系统并不会因此泄露个人信息，因为它不知道您是谁，但是如果您一旦违反交通秩序，它便会向您自动发送处罚信息。处罚信息可以在线查询并下载打印。

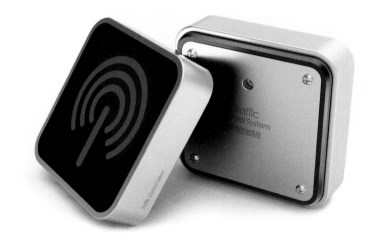

"手表 7647" 商务系列腕表

产品类别 / 生活类

主创设计 / 梁 武

设计团队 / 郭 劼 郑逸卉 马野皓 吴 彬 谭文羡 李 帆 施 岳 林胜成

参赛单位 / 珠海罗西尼表业有限公司

设计说明 / 本表款具备了以机械为动力来源的多重显示模组：腕表采用立体表盘，呈现摄人心魄的美感，以数字显示的针盘旋转视窗，以及多层次叠加显示方式，细细端详紧密啮合的刻度针盘组，犹如置身于曲折迂回的迷宫之中，这样的规划看似新奇复杂，但在设计上却十分的简单易懂。极具几何感的整体表壳设计，体现了高度当代性的视野，以及凸显属于当代美学的种种特质。

Tuna 电锯

产品类别 / 服务类
主创设计 / 邹俊斌
设计团队 / 吴 天　赵向佳楠　纪建宇　熊伟文
参赛单位 / 江西财经大学

设计说明 / 发现问题：通常我们在板材上切割图案或者轨迹时，需要将切割的图案进行等比缩放，之后还需要刻画在板材上，这一步骤烦琐，不方便我们的操作。
解决方案：将红外线投影、距离感应、指南针技术原理进行有机整合，将需要切割的图案或轨迹投影，然后进行切割，不用像以前烦琐的步骤，如今只将需要切割的图案传至智能手机端就能按照我们的想法进行切割。
带来的成效：方便、快捷、准确地切割各种图案。
仿生设计：通过剑鱼的外形设计出这款电锯，将造型与功能完好结合。

生命搜救无人机

产品类别 / 服务类

主创设计 / 林子枫

参赛单位 / 广东轻工职业技术学院

设计说明 / 设计一款生命搜救无人机，搭配红外生命检测仪，高效自动化准确地对地震等自然灾害进行搜索救援工作，代替大量的人力和搜救犬，提升救援效率。

iBreath 车载智能温控器

产品类别 / 学习类

主创设计 / 苏美先

设计团队 / 陈锋明　陈煜杰　陈少龙　杨均龙　颜燕辉　梁嘉敏　杨伟鹏

参赛单位 / 深圳市格外设计经营有限公司
　　　　　 InDare Design Strategy Limited

设计说明 / iBreath 是一款车载智能温控器，安装在汽车天窗上，通过手机端检测车内温度，并能远程开启排气降温或预热升温的功能，让用户能有舒适的乘车环境。其特点为：玻璃面的太阳能板能将阳光能量吸收储存于蓄电池中，以供机器运作。通过手机能远程检测车内温度，远程开启 iBreath，预先调节车内温度。车内温度较高时，iBreath 能将车内高温与热气抽起并通过汽车天窗排出到外部，实现降温功能。车内温度较低时，则开启加热功能，预先为车内提供暖气，调节一个舒适的车内温度。

Tool Backpack

产品类别 / 工作类
主创设计 / 唐灵颖
设计团队 / 邓晓虹
参赛单位 / 五邑大学

设计说明 / 市面上的工具围裙存在不便携带的缺点，这给建筑设计师、手工匠人和工人等带来很大麻烦。针对这个问题，我们设计了一款可折叠成包包的工具围裙，既美观又方便携带工具。工作时只要展开背包，就能变成工具围裙，方便拿取和使用工具，相比普通工具包来说，又提高了工作效率。

升降调节马桶

产品类别 / 生活类
主创设计 / 张鸿飞
设计团队 / 杨伟志　唐鎏荣　陈应强　黄业博　徐永锋
　　　　　　邓小强　吴浩涛　黄海桂
参赛单位 / 嘉应学院美术学院　梅州市创客嘉文化传播有限公司

设计说明 / 在老年虚弱者、疾病患者或行动障碍者使用马桶时，因坐下而产生身体的重力，对行动不便者全身脊髓骨骼及内脏可能造成严重损伤；起身时，更因为施力困难与不平衡，往往需要旁人协助。如果协助者找不到适当施力点，便容易造成各种意外与伤害。此升降型马桶以小型简便的站立辅助设备为主，不仅体积与普通马桶一样，还能帮助行动不便的人更安全地使用马桶。

VeinSight 可穿戴血管显像仪

产品类别 / 健康类

主创设计 / 赵亚冲

设计团队 / 布宁斌　刘尊旭　余承意　肖凯麟
　　　　　苏振东　赵亚冲

参赛单位 / 博联众科（武汉）科技有限公司

阿尔茨海默辅助产品系统设计

产品类别 / 健康类

主创设计 / 刘　越

设计团队 / 何　娟

参赛单位 / 个　人

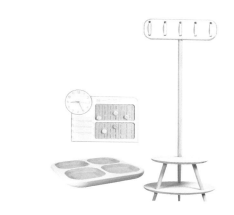

亲子互动负重背心

产品类别 / 生活类

主创设计 / 李漫斌

设计团队 / 李永锋

参赛单位 / 广州品一产品设计有限公司

Coolway——车载智能遮阳伞

产品类别 / 出行类

主创设计 / 鄢　莉

设计团队 / 邓上云　禤阳彬　杨逸文　黄锡明　曾进军

参赛单位 / 广东技术师范学院
　　　　　广州惠云科技有限公司

多功能晾衣架

产品类别 / 生活类

主创设计 / 王 俭

参赛单位 / 盐城工学院

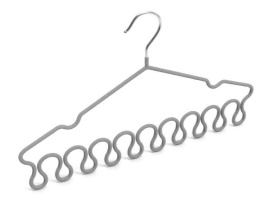

果渣花肥筒

产品类别 / 生活类

主创设计 / 王雅惠

设计团队 / 蒋丽颖 孟 晖 刘 会 王兰若 袁堉琪

参赛单位 / 沈阳航空航天大学

"隐形"充电桩

产品类别 / 服务类

主创设计 / 张伟辉

设计团队 / 梁雅莹 李晓东 何自泳

　　　　　李旭瑜 李志炯 康焕祯

参赛单位 / 个 人

Animal Tetris
——儿童趣味模块化家具设计

产品类别 / 生活类

主创设计 / 钟采君

参赛单位 / 韶关学院

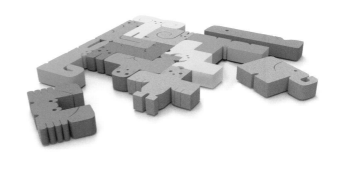

家庭厨余垃圾处理设施设计

产品类别 / 生活类

主创设计 / 卢瑞琦

参赛单位 / 仲恺农业工程学院

FANGYUAN · 水泥文具

产品类别 / 生活类

主创设计 / 张晓华

参赛单位 / 广东轻工职业技术学院

Lugbabe 婴儿行李箱

产品类别 / 出行类

主创设计 / 张咸阳

参赛单位 / 深圳大学

广域流光——小跑车内饰设计

产品类别 / 出行类

主创设计 / 王硕斌

参赛单位 / 广州美术学院

锁住酒驾

产品类别 / 出行类
主创设计 / 洪思展
设计团队 / 程碧亮
参赛单位 / 广州美术学院

川湘菜外卖服务设计

产品类别 / 服务类
主创设计 / 林 昭
参赛单位 / 广州美术学院

Drop Box

产品类别 / 服务类
主创设计 / 丁 栋
参赛单位 / 广州美术学院

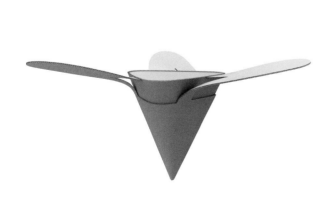

气悬浮蓝牙音箱

产品类别 / 服务类
主创设计 / 何思达
参赛单位 / 广东水利电力职业技术学院

交通枢纽吸烟设施设计

产品类别 / 服务类
主创设计 / 陈冠廷
参赛单位 / 电子科技大学中山学院

Secondary Use of Apron

产品类别 / 生活类
主创设计 / 魏 艺
设计团队 / 袁 通　褚萌萌　彭博文　杨学信
参赛单位 / 江西财经大学现代经济管理学院

内外六角通用扳手

产品类别 / 工作类
主创设计 / 罗洲洋
设计团队 / 李日阳
参赛单位 / 广东职业技术学院

易抽取式卷纸

产品类别 / 生活类
主创设计 / 张 文
参赛单位 / 重庆工业职业技术学院

逸

产品类别 / 生活类
主创设计 / 马 彬
设计团队 / 李天一
参赛单位 / 深圳市凯迪实业发展有限公司

"Barell" 食品安全检测仪

产品类别 / 健康类
主创设计 / 陈刚昭
设计团队 / 程南开
参赛单位 / 江门市青鸟工业设计有限公司

二合一办公桌

产品类别 / 工作类
主创设计 / 伍剑戈
设计团队 / 潘朝业 郑旭升 伍平平 黄 奕
参赛单位 / 广州市工贸技师学院

车用尿素溶液加注机

产品类别 / 工作类
主创设计 / 齐建路
参赛单位 / 个 人

多功能防水全方位劳保鞋

产品类别 / 出行类

主创设计 / 林可为

参赛单位 / 百卓鞋业（恩平）有限公司

二次原——酒店一次性用品

产品类别 / 生活类

主创设计 / 房　迎

参赛单位 / 南华大学

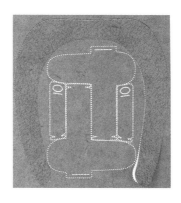

COCO 植物管理电子宠

产品类别 / 生活类

主创设计 / 朱小纯

设计团队 / 徐贤辉　　陈鹏安　陈治兵
　　　　　王少林　　马素平　邵　鑫

参赛单位 / 海信容声（广东）冰箱有限公司

BBK 抗菌净化球

产品类别 / 健康类

主创设计 / 黄　冠

设计团队 / 廖伟华　　仇登伟

参赛单位 / 佛山市顺德区有点文化传播有限公司
　　　　　广东顺德和壹设计咨询有限公司

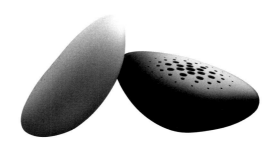

中小学教师批卷 笔

产品类别 / 学习类

主创设计 / 欧东杰

参赛单位 /898 DESIGN

彦辰谦篆

产品类别 / 工作类

主创设计 / 李佛君

参赛单位 / 彦辰设计（深圳）有限公司

安全逃生

产品类别 / 健康类

主创设计 / 李　明

设计团队 / 宁晓亮　吴玉珍

参赛单位 / 中原工学院

EZ Care Catheter
概念导尿管

产品类别 / 健康类

主创设计 / 王子豪

参赛单位 / 瑞典于默奥设计学院

Umea Institute of Design

下肢康复辅助产品设计

产品类别 / 健康类

主创设计 / 沈逸豪

设计团队 / 马冬妮

参赛单位 / 江南大学设计学院

火烈鸟

产品类别 / 生活类

主创设计 / 王瑞雪

设计团队 / 左　琼

参赛单位 / 个　人

广汽传祺 Injoy 智联交互系统

产品类别 / 体验设计单项奖

主创设计 / 王 炜

设计团队 / 王 赢 罗建华 罗逸健 段岷星 王敏璐 安 琪 孙 玮 何兆亨
　　　　 王 丹

参赛单位 / 广州汽车集团股份有限公司汽车工程研究院

设计说明 / Injoy 系统基于驾驶情境，在国内首次提出"一秒必达"的
汽车人机交互原则，通过精简的信息结构、舒适的界面布局、快捷的任
务切换，确保行车安全；通过视觉、听觉、触觉的多通道交互设计，集
成触摸屏幕、物理按键、语音控制，实现中控系统、液晶仪表、智能手
机的无缝互联；国内首次提出"智能艺术"的设计语言，实现了汽车交
互与内饰空间的完美融合。

美啊教育——艺术设计在线教育平台

产品类别 / 体验设计单项奖

主创设计 / 胡 晓

设计团队 / 杨前亮 李 雪 江 玲 卢绍山 邹 冰 秦则星 李晓旭

参赛单位 / 广州美啊教育有限公司北京分公司　广东省善易交互设计研究院

设计说明 / 美啊教育是一款艺术设计在线教育平台，旨在提升你的美学修养与设计能力。主要为学习者提供涵盖工业设计、环境设计、建筑设
计、室内设计、摄影等领域的课程，连接用户、企业、机构与高校，在共享经济时代，让大家一起共享设计知识。18 个类别内容，近 1 000 节课程；
300 位讲师，200 家机构提供内容。产品具备三大亮点：共享知识与技能，打造商业链条，促进设计教育发展。

AIROBOY 云童轻小型智能无人机

产品类别 / 体验设计单项奖

主创设计 / 高 鹏

参赛单位 / 北京博瑞云飞科技发展有限公司

设计说明 / 为了能让更多用户提前体验到智能空中机器人带来的乐趣和便利,博瑞云飞推出了首款消费级便携智能无人机——AIROBOY 云童。全球首创的立式机身 + 折叠四旋翼的自主工业设计,颠覆了我们对传统四轴无人机"趴式"造型的认知,外表惊艳美观,极致苗条便携,折叠后仅相当于一瓶矿泉水的体积与质量(650 克),可轻松收纳到背包或挂在腰间,不占用背包空间,彻底解放双手,还可实现手握起飞、手接降落、单手抛飞等炫酷而又实用的功能。便携性与易用性,为旅行外出、户外运动带来颠覆式的人性化体验。

Nature 音箱

产品类别 / 跨界设计单项奖

主创设计 / 叶立枫

设计团队 / 杨 皓 张玉泉 陈英杰 谢涓芳 黄达龙 李源超

参赛单位 / 广州正艺产品设计有限公司

设计说明 / 产品的设计目的是改善人们的睡眠质量。以发出"大自然的声音"功能帮助人们在感官和意念上重新回归大自然,改善睡眠质量。除了传统的音响功能,还会智能控制音效的气氛,穿插各种来自于自然的声音。同时,视觉上配以相呼应的简约、温暖、亲和的视觉语言,让在都市生活的使用者仿佛置身于大自然的怀抱。精心挑选的麻布手感极佳,与主体简练的造型相辅相成,表现出非常温馨舒适的气氛,简约而不简单!

魔挺智能内衣

产品类别 / 跨界设计单项奖
主创设计 / 黄思贤
设计团队 / 乔 飞
参赛单位 / 佛山市美传科技有限公司

设计说明 / 智能按摩内衣采用智能芯片控制。内置在内衣杯模内的智能芯片,通过低功耗的蓝牙 4.0 协议,接收到手机 APP 上的操作指令后,控制智能核心模拟各种按摩效果,如拍、揉、旋、推、转等效果,驱动智能核心内的微型电机,产生高频振动,刺激乳根穴,疏通经络,促进血液循环。长期使用,能够帮助不同年龄段的女性,起到丰胸挺拔、舒缓月经前后乳房胀痛、改善乳腺增生、预防乳腺癌等功效。

智能变形家居

产品类别 / 跨界设计单项奖
主创设计 / 高国斌
设计团队 / 王浩棠 陈朝中
参赛单位 / 东莞市多维尚书家居有限公司

设计说明 / 本产品是一款可以改变空间功能的多功能型智能家具,颠覆传统家具的设计理念,以创新性的时尚设计改变人们的生活方式。一方面,通过五金结构的改变,使同一件家具同时具备两种功能,达到节约空间的目的;另一方面,为迎合智能家居的发展潮流,结合智能组件,通过 APP 或者手势控制器操控变形家具的功能转换,实现空间功能随意变换,使客厅秒变卧房,书柜秒变书桌,提升家具产品科技含量,成为家具行业最前沿产品之一。

1.5T 拆除机器人

产品类别 / 高端装备单项奖

主创设计 / 肖旺群

设计团队 / 张志强　徐必勇　娄　明　陈　龙　刘江涛
　　　　　 范一鹏　王　翔　周　雪　袁　说

参赛单位 / 马鞍山飞渡工业设计有限公司

设计说明 / 该智能拆除机器人，是一种在高温、高粉尘、高危、高强度等使用环境下具有精细化作业能力的高科技智能装备。安全性是设计考虑的第一因素，遥控精准操控技术使操作人员远离危险工况，繁重的体力劳动得以解脱。通过系统设计，在功能配置、人机工程以及产品形象等方面充分考虑人的使用舒适度及情感体验，整体尽显高端与灵动之感。

辊道窑

产品类别 / 高端装备单项奖

主创设计 / 刘　坤

设计团队 / 王　鑫　李乃基　李豪健　何锡强　伍富清

参赛单位 / 佛山基准工业设计有限公司

设计说明 / 辊道窑设计把输送天然气的管道跟窑炉一体，使整个产品比较整体；辊道窑外壁还用了切割、不同的颜色，使产品简约而不单一，更具有科技感、设备感。设计窑炉的燃料为天然气，在烧成方式上采用明焰裸烧的方法，既提高了产品的质量和档次，又节约能源。辊道运输可减少窑内装卸制品，和窑外工序连在一起，操作方便，同时具有很高的自动化控制水平。

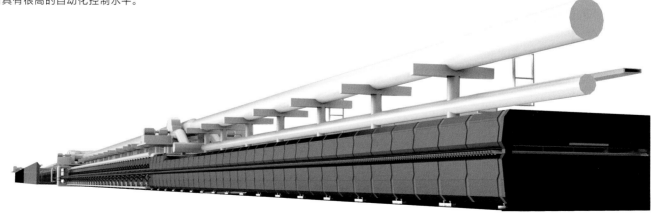

全复合材料整体共固化机身设计研究

产品类别 / 新型材料单项奖

主创设计 / 王　彬

设计团队 / 周晓锋　马瑛剑　李贤德　王　健　关　威　李硕强　冯天翼

参赛单位 / 中航通飞华南飞机工业有限公司

设计说明 / 复合材料由于具有高比强度、高比刚度、性能可设计、抗疲劳和耐腐蚀性好等优点，因此越来越广泛地应用于各类航空飞行器，大大地促进了飞行器的轻量化、高性能化、结构功能一体化。增压舱为复合材料蜂窝夹层结构，主要承受压力、自身重力、后机身传力、发动机支架传力，并与机翼传力在机身机翼对接处平衡。机身除了客舱门和应急出口处采用门框加强外，其余开口区域、翼盒区域、防火墙区域均采用局部增加铺层的方式进行加强。

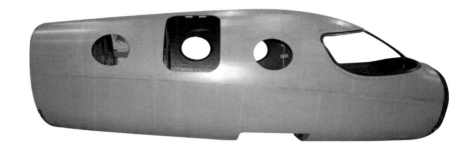

积木式空中机器人

产品类别 / 高端装备单项奖

主创设计 / 陈　博

设计团队 / 陈志石　雷　迅　曹承煜　Terry E. Richards

参赛单位 / 珠海天空速递有限公司

设计说明 / 此款机器人是结构简单、灵活组合、功能多变、载荷能力强、安全性能佳和可靠性高的积木式空中机器人，碟形设计外形美观，其单体的外周上设置保护胶囊，安全性能提升，多个单体组合，可靠性远远优于普通无人机。

通过简单快速拼接形成各种组合，满足多样形状、多样功能，作业效率提升；用系留电缆由地面供电系统供电，提升载荷能力和作业时间。积木式空中机器人填补了国内外机器人的空白，开创性地提出空中作业新方法，革命性地解放生产力，节约成本，产生巨大的社会价值。

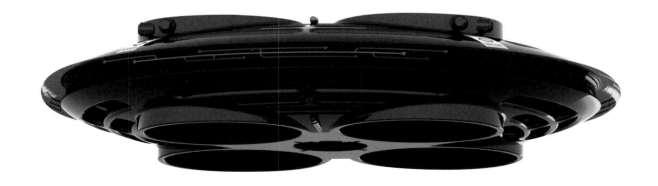

视界波·激光影院电视

产品类别 / 新型材料单项奖
主创设计 / 汤立文
设计团队 / 张 玲 尹志安 蓝 杨 莫春鉴 陈文龙 林 静 杨 洋
参赛单位 / 珠海兴业应用材料科技有限公司

设计说明 / 由无源抗光投影幕、超短焦激光投影机、自动伸缩投影电视柜、音响系统、高清播放组件、智能遥控器组成,结合极具设计感的时尚外观,通过个性化定制电视柜颜色风格,呈现前所未有的巨幕显示载体。不论家庭影音娱乐还是商业多媒体展示厅,都能获得极致卓越的震撼效果。拥有经典工业设计外观,多媒体功能齐全,兼具强大扩展性能,匹配家庭视听娱乐和高端商业展示的各种需求,为家庭娱乐、办公会议、会客沟通、培训讲演等更多的场合提供最佳视听媒介。

晶聚合 3.0 地砖

产品类别 / 新型材料单项奖
主创设计 / 吴则昌
参赛单位 / 佛山石湾鹰牌陶瓷有限公司

设计说明 / 2011 年,鹰牌陶瓷微晶石——晶聚合 1.0 诞生,成为业界一次烧微晶的始创与翘首。晶聚合 3.0 的莫氏硬度达到 6 级,硬度高,强耐磨,耐急冷急热;自然生长的花色独特璀璨,纹理立体清晰,层次感丰富。

对接担架车

产品类别 / 原型创新单项奖

主创设计 / 粟广欢

参赛单位 / 珠海索奇电子科技有限公司

设计说明 / 项目设计秉承抢救生命、分秒必争，一切为了患者的宗旨。

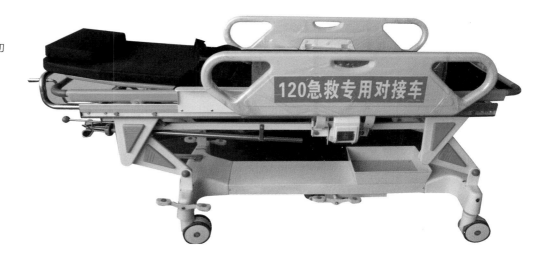

AWS-01 全自动螺母螺钉焊接系统

产品类别 / 原型创新单项奖

主创设计 / 余　鹏

设计团队 / 余品辉

参赛单位 / 清远诺巴特智能设备有限公司

设计说明 / 设计以实现智能化高精度、螺母螺钉焊接与检测集成自动化生产设备为目的，项目的应用大幅度提高生产效率，减少制造成本，降低能源和原材料消耗，提升产品质量，为交通工具汽车的使用安全性提供更有效的保障；可明显改善电阻焊接行业的作业环境，减轻人工劳动强度，有效避免作业过程中对人身的伤害，是"中国制造"向"中国智造"升级的创新，是促进产业技术升级的高端机器代人作业、智能化集成装备。

新能源汽车车载中控系统

产品类别 / 原型创新单项奖
主创设计 / 柯志学
参赛单位 / 惠州华阳通用电子有限公司

设计说明 / 随着环境日益恶化，传统资源日益匮乏，新能源产品的开发迫在眉睫。这是一款搭配在新能源汽车里的车载中控系统产品。该产品与汽车形成一个整体，在行驶过程中可随时查看汽车能量消耗、历史能耗记录以及能量分配等统计数据。曲面纯触摸按钮设计，时尚炫丽。面板采用 IML（模内镶件注塑）工艺取代传统的喷油及电镀工艺，外观整体无缝隙，科技感强，大大降低生产过程中对环境的污染。配备多种车载影音、娱乐、导航功能，让枯燥的驾驶变得有乐趣。新创造的车载内饰表面处理工艺环保、耐新、时尚。

感温之芯咖啡壶

产品类别 / 设计潜力单项奖
主创设计 / 林能超
设计团队 / 黄志平
参赛单位 / 广东中宝炊具制品有限公司

设计说明 / 产品亮点在于使用时有温度提示和保温功能，随着壶内温度降低，壶盖红色格数量逐渐减少，直观地起到提示作用。当壶盖红色格减到中间剩两格时，壶内的温度为 75℃左右，提示功能方便随时掌控温度状态，确保不错过最佳饮用温度；使用后方便清洁，冲泡咖啡后，咖啡粉容器可随咖啡壶盖一并拉出来，将咖啡粉倒掉后，少量的水便可清洗干净，节约水资源，环保且方便。

休闲飘窗椅

产品类别 / 设计潜力单项奖
主创设计 / 李宗兴
参赛单位 / 中山市宝艺工艺实业公司

设计说明 / 传统元素与现代生活结合，提取明式家具造型简洁、线条流畅的特点，结合现代家居需求，增加和延伸普通家庭飘窗的功能性和方便性，完美将传统家居元素和现代家居户型融合在一起。产品集休闲、打坐、阅读、储物等多种功能为一体。

CX-Start 迷你四轴飞行器

产品类别 / 设计潜力单项奖
主创设计 / 赵志科
设计团队 / 关志航 余构汉
参赛单位 / 广东澄星无人机股份有限公司

设计说明 / 迷你小精灵除了超强的 3D 全方位特技翻滚能力，三挡速度设计更让你随心所欲。灵敏的接收身躯和可爱小巧的外观，可在桌子椅子等室内障碍物之间飞行。尺寸仅有 22 mm×22 mm×20 mm，质量仅 7 克，机身足够轻盈小巧，携带方便。可当作孩童玩具，从小培养孩童对高科技的探索兴趣、创新思维和独立动手的能力。

环保蛋糕盒

主创设计 / 林炳塔

设计团队 / 陈振益　阳永才　黄暖婷　李克军

参赛单位 / 五邑大学　江门古旗亭工业设计有限公司　三明学院

设计说明 / 基于对传统蛋糕盒使用方式的调查，发现蛋糕盒及盘子和刀叉用塑料制成，每次用完后即当作垃圾扔掉，浪费材料也不环保。本设计用纸制材料加工蛋糕盒，采用模块化设计，蛋糕盒可以当作蛋糕盘及刀叉使用，方便且环保。该作品主题为绿色环保，从生活中存在的问题出发，以较为巧妙的构思和产品结构，力图解决人们习以为常的浪费现象。

生物质自动化锅炉

主创设计 / 吕潮胜

设计团队 / 吴焯毅

参赛单位 / 顺德东方麦田工业设计有限公司

设计说明 / 燃煤排放是空气质量的主要污染源之一，而中国北方大部分三四线地区受条件所限，传统的燃煤锅炉依然是主要刚需供暖设备。这款新能源锅炉针对兰炭、生物质燃料等新兴洁净能源进行性能优化，从根源上解决锅炉刚需供暖与空气污染这个尴尬的矛盾。对比传统锅炉，新能源数控锅炉具备以下特点：1. 通过内部结构优化使现有产品体积缩减 1/4；2. 攻克方形炉门密封性的技术难点，替换传统的圆形炉门。

生物质燃料解决的是我国北方地区作物废弃物再利用的问题。北方地区雾霾有一定程度由该问题造成，国家政策有意引导生物质燃料的使用，该设计一改传统产品的低效、低质和低端的弊病，以广东的设计服务输出，为环保做出了自己的贡献。

日夜两用蜂巢节能窗帘

主创设计 / 吴海伦
参赛单位 / 汕头市荣达新材料有限公司

设计说明 / 设计灵感来源于世界上最完美的建筑——蜂巢。独特的中空六角蜂窝结构，使空气存储于中空层，有效保持室内温度的平衡，节能减耗，隔热保暖，营造冬暖夏凉的环境；日夜两用蜂巢节能窗帘，是一款组合式窗饰。上端日帘采用柔纱制成窗帘面料，透光透气，能过滤强烈的太阳光；夜帘由复合了镀铝膜的全遮光蜂巢帘面料构成，严密的全遮光面料阻隔室内外的光线，形成室内的私密性，并对冷热、噪音形成过滤作用。二帘合一满足一天内不同时间对光线的要求，在采光通风的同时保证私密性。可以随意拉动上下帘对光线进行调节，可以完全透光，可以完全不透光，可以半透光，使用灵活方便，且结构简单，操作方便。

1000W 新 型鳍片 LED 球场灯

主创设计 / 杜建军
设计团队 / 邹小奎
参赛单位 / 深圳市超频三科技股份有限公司

设计说明 / 如今，中小功率 LED 灯已经被广泛应用到家庭、商场、办公室等场所。但受到散热问题的制约，大功率 LED 灯的发展仍面临较大的瓶颈。超频三工业设计团队，深入研究市场需求，以创新设计改变传统照明灯具，将数项散热专利技术综合应用在产品开发中，最终突破大功率散热技术瓶颈，成功研发出 1 000 W 新型鳍片 LED 球场灯。

中国（园洲）时尚产业城——设计创意谷

主创设计 / 博罗县园洲镇人民政府

设计团队 / 博罗县园洲镇人民政府集体打造项目

参赛单位 / 博罗县园洲镇人民政府

设计说明 / 项目定位为以服装为龙头的时尚产业，以设计研发为主导，集聚品牌推广、文化创意、供应链管理、电子商务、信息服务、科技创新、金融服务、节能环保等生产服务要素，引入互联网＋、云计算、大数据等前瞻项目，服务工业生产，促进供给侧改革，按文化化、生态化、智能化进行规划，合理布局空间，完善配套功能，致力于建设最具设计和创意的时尚新地标，打造广东首个服装生产服务业示范功能区，成为服装产业"十三五"创新发展示范基地。

智能公章

主创设计 / 李展涛

设计团队 / 朱　聪

参赛单位 / 中山市纽邦工业产品设计有限公司

　　　　　 中山市纳石兰图信息科技有限公司

　　　　　 中山市铁神锁业有限公司

设计说明 / 这款智能公章设计与科威特国家共同研发，这款公章带电子锁的智能印章，包括上壳和底座。上壳和底座之间安装有电子锁机构；底座设置有可与锁定孔对齐的离合孔，锁定状态时，楔形块挤推活动杆的前端，使活动杆的后端插入锁定孔和离合孔中。使用时，用户身份通过验证后才能开锁盖章（包括指纹识别），使印章的私密性和唯一性大大提高，让使用者不用再担心印章的私密性和唯一性，并能对盖章的内容进行备份，让使用者感到省心、安心和贴心，使用起来极其方便。

指纹授权，扫描记录和传输，为用户带来了安全与便利。该设计是我省企业为中东王室定制，也为进一步的产品拓展打下基础。

入墙式面盆龙头

主创设计 / Michael　Young

参赛单位 / 广东祖戈卫浴科技有限公司

设计说明 / 以"水银涓流"的造型，不同于传统水龙头表面，使用时不会形成水迹。材料采用医用级不锈钢制造，环保健康之余，更能体现金属的质感。把钢材的硬朗与水的柔美相结合，体现刚柔并济的设计理念。

对设计美学、制造工艺的极致追求，简约又极易融入不同的使用环境。该作品由我省企业和国际著名设计师 Michael Young 合作，是本土品牌购买国际顶级设计服务的典型案例。

双立人红酒启瓶器

主创设计 / Dorian　Kurz

设计团队 / Kurz Kurz Design Team

参赛单位 / 广东顺德库尔兹库尔兹创意设计有限公司

设计说明 / 这套工具由滴水托盘、薄膜剪、螺丝锥和拥有两种变形功能的酒刀组成，其将作为零售店的核心。此外还附加了一个红酒泵和倒酒嘴。在其典型的风格下，酒刀整合了三种功能：切开薄膜、拔起软木塞、开啤酒瓶盖。产品形式优美，品质和使用功能兼顾。该作品由我省设计机构和国际著名品牌合作，是本土设计机构服务国际顶级产品品牌的典型案例。

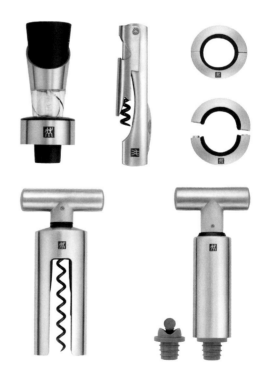

后记

Postscript

　　"省长杯"工业设计大赛自 1999 年在广州创立，2008 年正式定名，其间经过一步步壮大、发展的历程：从早期三百多件作品参加广东省优良工业设计奖评选，到 2016 年两万多件参赛作品角逐产品设计、概念设计和产业设计各组奖项，从先知先觉的企业和设计师们如涟漪般扩散到全省各个门类的企业和不限于广东省的专业高校，它把工业设计创新的理念、方法和成果，展示、渗透和滋润给整个产业界，把设计创新的价值传递给全社会，融入人们生活的方方面面。大力推动设计创新，如今已是政府、产业和全社会的共识。

　　2016 年，受广东省经济和信息化委员会的委托，广东工业大学对第五届、第六届和第七届"省长杯"大赛进行了一次抽样研究。在对获得产品奖和概念奖的 36 家单位和个人进行问卷调查后，得出这样一组数据——大赛获奖作品共申请发明专利 619 项、实用新型专利 1 138 项、外观专利 753 项，直接产生的经济效益 73.16 亿元。上述数据，在"制造大省"庞大的经济体量下或许算不了什么。但正如主办方领导所指出的那样，工业设计的价值在于对制造业乃至整个经济的"撬动作用"，而大赛成果的价值则在于其示范与标杆作用，在于更多的企业通过大赛认知工业设计创新的能力、方法和路径，在于产业在寻求转型升级的道路上感受创新的力量、厘清创新的思路、掌握创新的手段。

作为广东省推动工业设计发展"产业设计化、设计产业化、人才职业化和发展国际化"战略中设计作品的一项评价制度，从第五届开始"省长杯"在规范赛事流程、构建专业评价体系、研讨竞赛机制等方面，也在不断自我创新和改革赛事本身。从第五届开始，由单一主办单位向跨部门整合协同实现转变，"五一劳动奖章""青年五四奖章""三八红旗手"和"省技术能手"等多项荣誉被授予各类符合条件的参赛设计师；第六届开始完善赛区制，确立"作品 + 答辩"的评审形式和标准；在产品设计组、概念设计组的基础上，第七届大赛首设产业设计组，对应设计导向型的商业模式、服务平台和基础研究，顺应了工业设计由单品设计向系统和集成设计发展的趋势；征集作品从全省范围向国内外完全开放，同时导入创投资源孵化概念作品，第八届在国际化和产业化方面进行了更多的有益尝试。

从 2008 年，广东省政府批准使用"省长杯"冠名，到今天的近十年时间里，我们在这本图册里，通过作品，能了解到广东工业设计进步的一个个脚印；而 2008 年之前，从创立到举办的 3 届大赛，由于时间的久远和十年的物是人非，许多资料已难以集齐，或者我们只能期待未来有志于广东工业设计发展历程研究的史学家们加以整理，使我们能在更为广阔的时空里，触摸"中国现代设计"这个不可被遗忘、被回避的范例和缩影。为我们这本作品集作序的童慧明教授，是广东工业设计界最为资深的教育家之一，也是最早，而至今仍然活跃在一线的工业设计师，他亲历了从第一届到第八届"省长杯"的每一步，见证了广东工业设计发展过程的艰辛和光荣。像童老师这样的"省长杯"亲历者和见证人，不仅仅是在设计界或者教育界，而且在政府部门、在企业界、在广东的各地市，也有许许多多的人参与了这个政府设计奖项的筹划、实施和推动。

如果把时间调回到 1999 年，当初"省长杯"的倡导者和创立者们，他们是否能预见到广东工业设计乃至中国工业设计有今天这样的发展、这样的环境、这样的成就呢？我们要向他们致敬，是他们开创性地指出了一个坚定的方向，敢做能为。我们向近二十年来奋战在设计第一线的设计师们致敬，是他们创作了作品集里外一件件的经典作品，更是他们的劳动为我们开启了美好的生活，无怨无悔。我们向集聚在设计周围的所有人士致敬，不论来自政府、高校、企业、园区、机构、媒体，是大家一起擎起设计创新这面大旗，为"中国创造"呐喊，为"中国创造"助威，日复一日。

设计师们也应该永远记得那些凝聚着许许多多汗水的作品，来自你，更来自你的团队，来自努力，更来自这个时代。

附录一

广东省"省长杯"工业设计大赛
第四届至第八届参赛及获奖数量一览表

	参赛数量（项）			获奖数量（项）			
	概念设计	产品设计	产业设计	概念奖项	产品奖项	产业奖项	其他奖项
第四届	1241			203			
	520	721	——	24	179	——	——
第五届	4088			125			
	3720	368	——	60	64		1
第六届	8421			163			
	7660	761	——	80	49		34
第七届	8459			125			
	5025	3408	26	40	43	9	33
第八届	20470			237			
	16821	3293	356	74	116	21	26

附录二

广东省"省长杯"工业设计大赛
历届设计师／团队荣誉一览表

第五届大赛：

广东省技术能手

李淑贞	佛山市顺德区六维空间设计咨询有限公司
桂元龙	广东轻工职业技术学院
刘科江	广州番禺职业技术学院
黎锐垣	佛山市创达工业设计有限公司
陈小南	广东华南工业设计院
吴 晗	佛山市顺德区六维空间设计咨询有限公司
张 欣	广东工业大学艺术设计学院

广东省三八红旗手

李淑贞	佛山市顺德区六维空间设计咨询有限公司

广东五四青年奖章

丁 熊	广州美术学院

广东省五一劳动奖章

石振宇	佛山市顺德区艾万创新设计学研中心

广东省工人先锋号

佛山市顺德区艾万创新设计学研中心

广东省青年岗位能手

李淑贞	佛山市顺德区六维空间设计咨询有限公司
桂元龙	广东轻工职业技术学院
刘科江	广州番禺职业技术学院
黎锐垣	佛山市创达工业设计有限公司
陈小南	广东华南工业设计院
吴 晗	佛山市顺德区六维空间设计咨询有限公司
张 欣	广东工业大学艺术设计学院

十大设计师

石振宇	佛山市顺德区艾万创新设计学研中心
李淑贞	佛山市顺德区六维空间设计咨询有限公司
丁 熊	广州美术学院
桂元龙	广东轻工职业技术学院
刘科江	广州番禺职业技术学院
黎锐垣	佛山市创达工业设计有限公司
陈小南	广东华南工业设计院
徐 岚	广州美术学院
吴 晗	佛山市顺德区六维空间设计咨询有限公司
张 欣	广东工业大学艺术设计学院

第六届大赛：

广东省技术能手
张 帆	广汽集团汽车工程研究院
李连柱	广州尚品宅配家居用品有限公司
敖 链	佛山市米朗工业设计公司
王 庞	广东工业设计培训学院
汤 彧	广东华南工业设计院
郭 涵	华南农业大学
郭胜荣	佛山市顺德嘉兰图设计有限公司
周贵川	广东工业大学

巾帼建功先进个人
郭 涵	华南农业大学

广东五四青年奖章
张 帆	广汽集团汽车工程研究院

广东省五一劳动奖章
张 帆	广汽集团汽车工程研究院

广东省工人先锋号
广汽集团汽车工程研究院

广东省青年岗位能手
张 帆	广汽集团汽车工程研究院
李连柱	广州尚品宅配家居用品有限公司
敖 链	佛山市米朗工业设计公司
王 庞	广东工业设计培训学院
汤 彧	广东华南工业设计院
郭 涵	华南农业大学
郭胜荣	佛山市顺德嘉兰图设计有限公司
周贵川	广东工业大学

十大设计师
张 帆	广汽集团汽车工程研究院
李连柱	广州尚品宅配家居用品有限公司
敖 链	佛山市米朗工业设计公司
王 庞	广东工业设计培训学院
汤 彧	广东华南工业设计院
郭 涵	华南农业大学
郭胜荣	佛山市顺德嘉兰图设计有限公司
周贵川	广东工业大学
杜建军	深圳市超频三科技有限公司
陈日辉	广东泰特科技有限公司

第七届大赛：

广东省技术能手
赵东升	深圳市无限空间工业设计有限公司
卜 峰	华帝股份有限公司
林铭勋	广州广电运通金融电子股份有限公司
钟智达	东莞市立马干燥技术有限公司
卢卓宇	广州汽车集团股份有限公司汽车工程研究院
张 欣	广东工业大学
黎泽深	广东新会中集特种运输设备有限公司
陈锋明	广东工业大学艺术设计学院

巾帼建功先进个人
张 欣	广东工业大学
梁敏宁	广州市百利文仪实业有限公司
陈惠玲	广东新会中集特种运输设备有限公司
吴 蕾	佛山市经济和信息化局

第八届大赛：

广东省三八红旗手
陈倩妮	广东美的生活电器制造有限公司
陈惠玲	广东新会中集特种运输设备有限公司

十大优秀工业设计师
但 卡	广州汽车集团股份有限公司汽车工程研究院
胡守斌	中山市乐瑞婴童用品有限公司
吴志文	深圳市越疆科技有限公司
陈倩妮	广东美的生活电器制造有限公司
陈少龙	美的集团股份有限公司
梁家劲	广东万家乐燃气具有限公司
徐 乐	杭州大巧家居设计工作室
褚明华	深圳市洛斐客文化有限公司
邱 路	深圳市浪尖设计有限公司
刘新华	鹤山国机南联摩托车工业有限公司

十大新锐工业设计师
陈大鹤	东莞市华设工业设计有限公司
杨虹斐	广州哈士奇产品设计有限公司
陈惠玲	广东新会中集特种运输设备有限公司
陈建亮	广州入一聚家科技有限公司
陈永航	江门市艾迪赞工业设计有限公司
谢玉华	佛山市迅行机电科技有限公司
林炳塔	江门古旗亭工业设计有限公司
石春雷	个人
吉明静	广东美的环境电器制造有限公司
黄楚彬	广州入一聚家科技有限公司

其他有关荣誉尚在审批之中